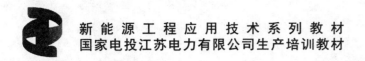

新能源工程应用技术系列教材
国家电投江苏电力有限公司生产培训教材

DIANHUAXUE CHUNENG JISHU YU YINGYONG

电化学储能技术与应用

主　编	邢连中	林　权	左　帅
副主编	王文庆	宋龙代	许　良
	田宏卫	李　成	黄　帅
	袁德明	王哮江	刘　鹏
	张　磊	陈　城	
参　编	何正东	周　强	王日成
	孙　圆	吕新伟	陶　鑫
	陈　明	方　威	赵子斌
	王晓翠	李彦超	陆　斌
	马　敏	段豪祥	苏　俊
	张国俊	顾汉富	柏　嵩
	张晓忠	张　宇	陈久益
	孟　熙	周国钧	王国太
	王乃新		

南京大学出版社

图书在版编目(CIP)数据

电化学储能技术与应用 / 邢连中，林权，左帅主编.
南京：南京大学出版社，2024.6. — ISBN 978-7-305
-28140-2

Ⅰ. TK01

中国国家版本馆 CIP 数据核字第 2024EM5196 号

出版发行　南京大学出版社
社　　址　南京市汉口路 22 号　　　邮　　编　210093
书　　名　电化学储能技术与应用
　　　　　　DIANHUAXUE CHUNENG JISHU YU YINGYONG
主　　编　邢连中　林　权　左　帅
责任编辑　高司洋　　　　　　　　编辑热线　025 - 83592146
照　　排　南京开卷文化传媒有限公司
印　　刷　常州市武进第三印刷有限公司
开　　本　787 mm×1092 mm　1/16　印张 10.5　字数 260 千
版　　次　2024 年 6 月第 1 版　2024 年 6 月第 1 次印刷
ISBN　978 - 7 - 305 - 28140 - 2
定　　价　42.00 元

网　　址：http://www.njupco.com
官方微博：http://weibo.com/njupco
微信服务号：njuyuexue
销售咨询热线：(025)83594756

编 委 会

序

电力是社会现代化的基础和动力,是最重要的二次能源。电力的安全生产和供应事关我国现代化建设全局。近年来,随着电力行业不断发展以及国家对环保要求的不断提高,在传统高参数、大容量燃煤发电机组逐步发展的基础上,新能源、综合智慧能源发展已经成为我国发电行业的新趋势。

国家电投集团江苏电力有限公司(以下简称"公司")成立于2010年8月,2014年3月改制为国家电投集团公司(以下简称"国家电投集团")江苏区域控股子公司,2017年11月实现资产证券化,主要从事电力、热力、港口及相关业务的开发、投资、建设、运营和管理等。近年来,公司积极参与构建以新能源为主的新型电力系统建设,产业涵盖港口、码头、航道、高效清洁火电、天然气热电联产、城市供热、光伏、陆上风电、海上风电、储能、氢能、综合智慧能源、售电等众多领域,打造了多个"行业第一"和数个"全国首创"。目前,公司实际管理11家三级单位,2个直属机构,62家控股子公司,发电装机容量527.63万千瓦,管理装机容量718.96万千瓦。其中,新能源装机325.23万千瓦,占比达61.64%。

为了落实江苏公司"强基础"工作要求,使公司生产技术人员更快更好地了解和掌握火电、热电、光伏、海上风电、储能、综合智慧能源等的结构、系统、调试、运行、检修等知识,江苏公司组织系统内长期从事发电设备运行检修的专家及技术人员,同时邀请南京大学专业导师共同编制了《国家电投江苏电力有限公司生产培训教材》系列丛书。本丛书编写主要依据国家和电力行业相关法规和标准、国家电投集团相关标准、各设备制造厂说明书和技术协议、设计院设计图,同时参照了行业内各兄弟单位的培训教材,在此对所有参与教材编写的技术人员表示感谢。

本丛书兼顾电力行业基础知识和工程运行检修实践,是一套实用的电力生产培训类图书,供国家电投集团江苏电力有限公司及其他生产技术人员参阅及专业岗前培训、在岗培训、转岗培训使用。

编委会

2023年11月

前　言

随着风电、光伏占比不断提升,高比例可再生能源和高比例电力电子设备的"双高"特性日益凸显,新型电力系统面临电力电量平衡难、资源高效利用难、安全稳定运行难的三大难题。

储能具有将电能的生产和消费从时间和空间上分隔开来的能力,因而受到广泛关注。面向新型电力系统,储能不仅能够缓解风电、光伏出力高峰与负荷高峰错配的难题,还能缓解风电、光伏出力随机性和波动性带来的电压和频率稳定难题。

目前,行业内多采用电化学储能,并以集中形式接入场站 35 kV 及以上系统。从安全性来看,电池聚集增加消防风险;从经济性来看,集中式储能占地面积大,征地难且配套成本高;从利用率来看,新能源配储 2022 年全国平均利用系数仅 0.03。储能系统投资成本昂贵、盈利模式匮乏、整体利用率低,配置储能将恶化新能源项目经济性。

由于面临上述发展困境,本教材分别从"新能源+分散式储能""火电+储能"的方面讲解了储能的不同应用场景,通过创新储能布置方法破解安全性与经济性难题,通过创新储能运行策略破解利用率困境。为新型电力系统布置储能提供了新模式、新思路,形成一种可复制、可推广的系统友好型典型案例。

为加快推动新能源、新产业高质量发展,编制《电化学储能技术与应用》为员工提供电化学储能基本概念、技术路径、系统结构、政策标准、应用场景、发展趋势、安全运维等相关知识。通过项目案例,帮助员工简单、快速地了解储能电站的顶层设计和底层逻辑,对加快推动新型储能业务发展具有重要意义。

本教材统一规划,分工编写,逐步完善。随着新型电力系统、储能技术的发展,本书将会不断更新,与时俱进。由于编者能力所限,不足之处在所难免,敬请专家、读者批评指正。

编　者

2024 年 5 月

目　　录

第 一 章

电化学储能基础知识

"碳达峰、碳中和"目标驱动下，中国电力绿色、低碳转型不断加速。截至2022年底，风电、光伏发电装机规模达7.6亿千瓦，占总装机的30%；风电、光伏发电量1.2万亿千瓦·时，占总发电量的14%，分别较2021年与2015年提升13%与10%。

随着风电、光伏占比不断提升，高比例可再生能源和高比例电力电子设备的"双高"特性日益凸显，新型电力系统面临三大难题。一是以风电、光伏为代表的可再生能源出力具有随机性、间歇性、波动性，导致系统平衡问题突出，电力电量平衡难。二是局部地区、局部时段弃风弃光问题仍然突出，制约能源高效利用，即资源高效利用难。三是大量电力电子设备接入，对以同步机为主体的传统电网产生影响，系统低惯量、低阻尼、弱电压支撑特征明显，安全稳定运行难。

储能具有将电能的生产和消费从时间和空间上分隔开来的能力，同时具备优质调节性能，其核心价值在于为电力系统提供灵活性和确定性，因此成为未来新型电力系统的关键灵活性资源和支撑技术之一。

第一节 储能分类及应用场景

本节将从新型电力系统需求角度切入，对比不同储能技术在各个应用场景下的适用性，进一步引出电化学储能的特点及优势。

一、按接入位置划分

储能产业发展前期，项目统计口径根据接入位置划分为电源侧、电网侧和用户侧，如表1-1所示。

表1-1 不同应用场景下储能功能及经济性价值

服务主体		功能	经济性价值
电源侧	火电	提供电力辅助服务	增加一次调频补偿收入
	新能源	改善涉网性能	减少并网考核成本
		提升消纳能力	增加售电收入
		参与电力批发市场 （中长期＋现货＋辅助服务）	增加售电收入 增加补偿收入
电网侧	输配电网	延缓输配电升级改造	延缓投资
	独立储能	容量租赁	增加租赁收入
		容量成本回收	增加补偿收入
		参与电力批发市场 （中长期＋现货＋辅助服务）	增加运行收入 增加补偿收入
用户侧	工商业用户	参与电力批发市场或电力零售市场 实现：削峰填谷＋需量管理	减少电度电费成本 减少需量电费成本
		需求响应	增加补偿收入
		提升消纳能力	减少电费成本
		备用电源	减小停电损失

近年来，电源侧和电网侧的新型储能系统在实际应用中的差别正逐渐缩小。随着新能源渗透率的提升，电源侧和电网侧储能装机需求均源于新能源并网对灵活性资源的需求。2021年以来，电源侧、电网侧储能项目主要服务类型均为"支持新能源并网"和"提供电力辅助服务"。

2021年12月,国家能源局印发《电力辅助服务管理办法》,认可新型储能独立市场地位。初期,独立储能被划分为电网侧项目,因其价值主要通过提供辅助服务体现。但是,"容量租赁"成为独立储能现阶段主要收益来源之一,通过将部分容量租赁给新能源企业,帮助其满足配储要求,出租容量理论上归属于新能源企业。储能项目开始跨越接入位置约束,提供多重服务,电源侧和电网侧界限逐渐模糊。

目前,新能源配储和独立储能已经成为大规模储能的最新分类口径。未来,独立储能有望成为大型储能的主流形式,其单体规模通常较新能源配储项目更大,易于电网调度、收益模式多元。

二、按储存介质划分

储能即能量储存,指通过介质或设备把能量存储起来,在需要时再释放的过程。根据储存介质和能量存储形式,储能分为四类:电化学储能、机械储能、电磁储能、相变储能,如图1-1(a)所示。

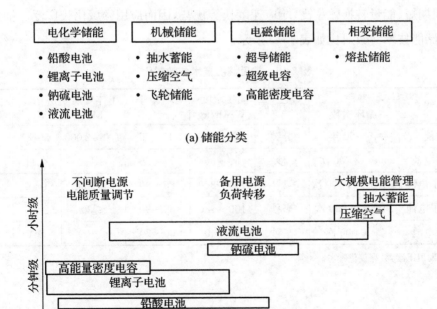

(a) 储能分类

(b) 储能技术特点

图1-1　储能分类与技术特点

不同储能技术在各自适合的应用场景中发挥独特的性能优势,如图1-1(b)和表1-2所示。

表1-2 储能技术适用性分析

类型	时间尺度	应用场景	技术要求	常用储能技术类型
功率型	分钟级以下	一次调频 电能质量改善	快速响应 高功率密度 高循环寿命	超级电容 飞轮储能 电化学储能
能量型	分钟至小时级	二次调频 黑启动	较快响应、兆瓦以上 高安全性、高循环寿命	电化学储能 氢储能
容量型	小时级以上	三次调频 季节性储能 削峰填谷 线路阻塞管理	百兆瓦以上 环境友好 高安全性 低成本	抽水蓄能 压缩空气 电化学储能 氢储能

截至2022年底,我国抽水蓄能装机规模为45.79 GW,新型储能[①]累计装机规模达到8.7 GW。抽水蓄能具有容量大、寿命长、可靠性高等技术优势,在保障电网安全、促进新能源消纳、提升系统性能中发挥着基础作用。相较于抽水蓄能,电化学储能具有选址灵活、建设周期短、能量转换效率高、响应速度快等优势,因而应用领域比较广泛。抽水蓄能与电化学储能技术参数对比如表1-3所示。

表1-3 常见储能技术参数对比

技术路线		寿命/循环次数	响应时间	能量密度/(W·h/kg)	综合效率/%	单体规模/MW	时长/h	成熟度
抽水蓄能		40～60年	分钟	0.5～1.5	65～75	100～2 000	4～10	商用
电化学储能	铅酸电池	500～3 000次	秒	30～60	75～85	≤100	<11	商用
	锂离子电池	5 000～10 000次	秒	160～300	85～90	≤500	1～4	商用
	钠离子电池	2 000～6 000次	毫秒	100～180	85～90	≤30	2～6	示范
	液流电池	>10 000次	毫秒	15～40	60～70	≤100	≥4	示范

注:技术发展迅猛,数据仅供参考。

---

① 新型储能是指除抽水蓄能以外的新型储能技术,包括新型锂离子电池、液流电池、飞轮、压缩空气、氢(氨)储能、热(冷)储能等。

第二节　电化学储能基本概念

一、电化学储能概念

电化学储能是指通过可逆的化学反应将能量储存或释放的过程。具体来说,利用电化学反应,将电能转化成化学能,并存储在电极上;当需要时,将化学能转化为电能,释放到电路中。

根据化学物质不同,分为铅酸电池、锂离子电池、钠离子电池、液流电池。

二、电化学储能术语

表1-4列举了电化学储能常见术语及其定义。

表1-4　电化学储能常见术语解释

类型	术语	定义
系统设备	单体电池	由电极和电解质组成,构成蓄电池组模块最小单元,将所获得的电能以化学能的形式储存并可将化学能转为电能的一种电化学装置
	电池模块	两个及以上的单体电池以一定的电气连接方式组成的单元
	电池簇	由电池箱或电池模块采用串联、并联或串并联方式,与储能变流器及附属设施连接后实现独立运行的电池组合体,还宜包括电池管理系统、监测和保护电路、电气和通信接口等部件
	单元电池系统	与单台储能变流器对应的若干个电池簇及其配套设备组成的系统
	电化学储能系统	采用电化学电池作为储能载体,通过储能变流器进行可循环电能存储、释放的系统
	电化学储能电站	采用电化学电池作为储能元件,可进行电能存储、转换及释放的电站;由若干个不同或相同类型的电化学储能系统组成
系统设备	电池管理单元(BMU)	监测和管理一个电池模块状态,并为电池提供通信接口的装置
	电池簇管理单元(BCU)	监测和管理一个电池簇状态,并提供电池簇和其他设备通信的装置
	单元电池管理单元(BAU)	监测和管理一个电池阵列状态,并执行响应的控制、保护、数据存储和通信功能的装置
	电池管理系统(BMS)	监测电池状态参数,为电池提供通信接口和保护,并对电池的状态进行管理和控制的装置

类型	术语	定义
系统设备	储能变流器(PCS)	实现直流侧的储能电池与交流侧的电网式负荷连接,实现功率双向变换的装置
	监控系统	对储能系统运行状态进行信息采集、处理、控制和管理的系统
	辅助系统	除一次系统和控制系统外,其他具有辅助功能的系统
典型场景	调峰	储能在用电低谷时充电,在用电高峰时放电
	调频	储能在频率过高时充电,在频率过低时放电
	新能源出力平滑	储能在新能源出力较大时吸收有功功率,在出力较低时提供有功功率,减少新能源接入点的功率波动
	计划曲线跟踪	储能在能源生产过剩期吸收能量,在能源消耗过剩期提供能源,实现一定时间内的功率跟踪
	紧急功率支撑	电网发生故障时,储能依据电网需求,快速提供有功、无功功率支持,增强局域电网稳定性
	电压控制	储能通过有功或无功功率交换,实现并网点或邻近节点的电压稳定
	电压暂降治理	储能通过有功或无功功率交换,缓解电网中的电压暂降
	黑启动	电力系统全停情况下,利用具有自启动能力的储能逐步恢复系统正常运行的过程
	后备电源	当并网点的主电源不可用时,储能在规定时间内以事先确定的最大功率提供电能

三、电化学储能参数

表 1-5 列举了电化学储能的主要参数及其解释。

表 1-5　电化学储能重要参数解释

参数	单位	解释
装机容量/额定容量	kW·h	储能系统所能储存能量的最大值
额定功率	kW	储能系统的充放电功率的最大值
充放电倍率	C	额定功率与额定容量的比值
储能时长	小时	额定容量与额定功率的比值
充放电能量转换效率	%	评价期内,储能设备总放电量与总充电量的比值
综合效率	%	评价期内,储能电站运行过程中上网电量与下网电量的比值
运行寿命	年	储能系统从正式投运到退役的持续时间
循环寿命	次	额定功率满充满放的累计循环次数
调节时间	ms	储能系统从收到功率调节指令开始,到实际功率与目标功率值偏差的绝对值维持在一个规定百分比之内的时间

参数	单位	解释
放电深度（DOD）	％	放电量与额定容量的百分比
荷电状态（SOC）	％	储能系统当前可放出电量与额定容量的比值
健康状态（SOH）	％	储能系统与其标称/额定性能相比的实际运行性能

例如，100 MW/200 MW·h 储能系统的最大额定容量是 200 MW·h，最大充放电功率是 100 MW，充放电倍率是 0.5 C，储能时长是 2 小时。

下面将简要介绍各个参数之间的关系和区别：

（1）充放电倍率与储能时长的关系

从计算方式来看，充放电倍率与储能时长是倒数关系。充放电倍率大即功率型储能；储能时长大即长时储能。目前市场主要以 0.25 C（4 小时）、0.5 C（2 小时）、1 C（1 小时）储能为主。

（2）设备转换效率和系统转换效率的区别

充放电能量转换效率一般是指储能单元的能量转换效率，可衡量储能设备的能量损耗。综合效率是指储能电站的能量转换效率，可衡量储能系统（电站）的能量损耗。

电化学储能系统除了电池组以外，由电池管理系统（Battery Management System，BMS）、能量管理系统（Energy Management System，EMS）、双向变流器（Power Conversion System，PCS）及其他辅助设备构成，因此存在一定功耗。第一章第四节介绍其组成部分功能。

（3）最大容量和可用容量的区别

储能最大容量即是额定容量，而储能可用容量与放电深度和系统效率有关（可用容量＝额定容量×放电深度×放电效率）。一般测算上网电量时，以可用容量为准。

（4）放电深度与储能寿命的关系

放电深度与储能循环寿命成反比。换言之，放电深度越大，可用容量越大，储能寿命越短。因此，项目在设计时需要根据实际需求统筹考虑。

第三节　电化学储能技术路径

截至 2022 年底,全国已投运新型储能项目装机规模达 8.7 GW/18.3 GW·h,比 2021 年底增长 110% 以上。根据国家能源局和中关村储能产业技术联盟(China Energy Storage Alliance,CNESA)统计,2022 年国内新增投运新型储能项目装机规模达 6.9 GW/15.3 GW·h。

如图 1-2 所示,锂离子电池在电化学储能产业中仍然占据主导地位,液流电池储能技术占比增速明显加快。此外,钠离子电池储能技术已进入工程化示范阶段。

| (a) 全国累计投运(截止2022年底) | (b) 全国新增投运(2022年内) |

图 1-2　新型储能装机规模比例

本节将介绍锂离子电池、钠离子电池、液流电池性能特点和发展趋势。

一、锂离子电池

锂离子电池依靠锂离子在正极和负极之间移动来工作,具有能量密度高、循环寿命长、自放电率小、响应速度快、建设周期短、无记忆效应、绿色环保等优点。锂离子电池,分为钴酸锂、锰酸锂、磷酸铁锂、钛酸锂等不同类型。

表 1-6　磷酸铁锂储能系统平均指标(2022 年统计)

指标	平均数	指标	平均数
电池单体电芯最大容量	280 A·h	单位装机占项目用地	220 m²/MW
电池单体电芯循环寿命(0.5 C)	6 000 次,10 年	系统单价(0.5 C)	1.66 元/(W·h)
电池单体电芯质量能量密度	168 W·h/kg	系统能量转化效率	89%
电池单体电芯体积能量密度	350 W·h/L	40 尺集装箱式储能容量	3.5 MW

锂离子电池是目前储能产品开发中适应性最好的技术路线。中长期而言,锂离子储能的项目用地和成本总体呈下降趋势,而系统能量转化效率、电池单体电芯容量、电池单

体电芯循环寿命将呈上升趋势。

二、钠离子电池

钠离子电池与锂离子电池的工作原理、结构和生产制造工艺均相似。锂离子在地壳元素中的资源含量为 0.006 5％，钠离子约为 2.75％，因此被视为锂离子电池的重要补充。两者主要区别在于：充放电循环次数、能量密度、制造成本，如表 1-3 所示。

钠离子电池的优势在于更具稳定性与安全性，缺点在于寿命短、能量密度低。虽然从理论制造成本来看，钠离子电池更具优势，但是应用于储能场景下，必须综合考虑项目全寿命周期成本，如图 1-3。

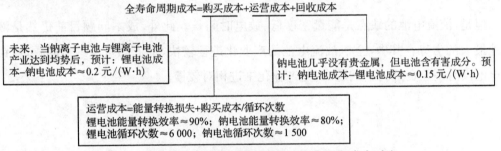

图 1-3　钠离子电池与锂离子电池全寿命周期成本对比

根据行业研判：2030 年前，钠离子电池成本不会低于锂离子电池成本。综合来看，钠离子电池的主要优势在于安全性，比较适宜大型集中式储能电站用于日间调频。

三、液流电池

液流电池由电堆单元、电解液、电解液存储供给单元以及管理控制单元等部分构成，是利用正负极电解液分开、各自循环的一种高性能蓄电池，具有容量高、寿命长、安全性高、应用领域广等特点，是一种高效的大规模储能装置。

液流电池与锂离子电池最大的区别在于，功率取决于电堆的大小和数量，容量取决于电解液容量和浓度，两者可单独设计，因此设计灵活性大、易于模块化组合。基于特殊的构造与工作原理（图 1-4），液流电池被视为最适合长时储能的电池技术之一。

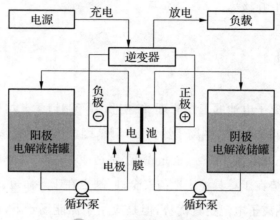

图 1-4　液流电池原理图

　　但是,液流电池的缺点是能量密度低、放电时间长。此外,成本问题目前仍然是液流电池最大的劣势。其中,全钒液流电池的产业化进程较快,却面临资源约束问题;铁铬液流电池没有明显资源约束问题,但是产业化推进相对较慢。

第四节　电化学储能系统结构

电化学储能系统主要由电池组、电池管理系统(BMS)、能量管理系统(EMS)、储能变流器(PCS)、变配电设备和辅助系统等设备构成,如图1-5。

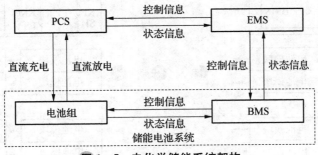

图1-5　电化学储能系统架构

一、电池组

电池组是储能系统中最主要的构成部分,成本约占整个储能系统的70%。电池组的性能决定了储能项目的安全性与使用寿命,进而影响全寿命周期的经济性。未来,随着电池成本下降、循环寿命增加,储能度电成本将进一步下降。

二、电池管理系统(BMS)

BMS采集电池数据,实现实时状态监测与故障分析,从而维护电池状态、延长电池寿命。BMS安装于储能电池组内,成本约占整个储能系统的6%。

BMS由三层结构组成,分别是BMU、BCU和BAU。BMU负责采集电池单元箱的电压、温度数据;BCU负责检测电池簇电压、电流数据并控制各回路继电器,同时接收BMU的采集数据,并将信息统一上传至BAU;BAU负责管控所有电池簇内的电池,并进行电池状态估算,同时与PCS、EMS进行通信交互,具体拓扑如图1-6所示。

BMS的主要功能如下:

(1) 数据采集分析。采集电压、电流、内阻以及温度数据。其中,电压、电流、内阻是表征电池特性的主要参数,电池温度是电池参数变化的影响因素。采集数据将作为后续

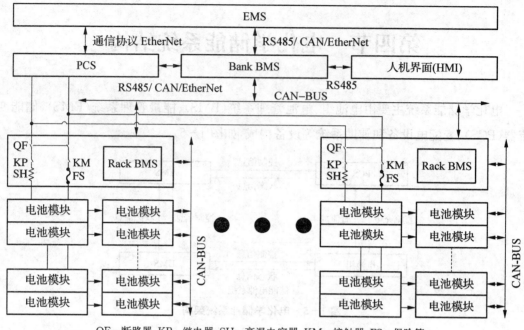

QF—断路器;KP—继电器;SH—高温电容器;KM—接触器;FS—保险管。

图 1-6　BMS 系统框架

BMS 控制策略的输入,因此采样速率、数据精度将影响 BMS 整体性能。

(2) 电池状态计算。电池状态计算包括荷电状态(State of Charge,SOC)、健康状态(State of Health, SOH)、能量状态(State of Energy, SOE)、放电深度(Depth of Discharge,DOD)等。

(3) 电池保护。保护包括:过充电、过放电、过电流、过热及短路保护等。BMS 需要监测电压、电流、温度是否超出正常范围,并在超出一定条件后提供相应保护。

(4) 电池均衡。使串联的单体电池或电池组电压偏差保持在预期范围内,保证每组电池正常使用时保持相同状态,从而延长电池使用寿命、提高系统安全性。

(5) 热管理。控制电池在适宜温度区间内工作,对于大功率充放电和高温条件下的电池尤为关键。使电池温度平衡,尽可能降低电池温度在空间上的差异性。

(6) 数据通信。BMS 与其他设备的通信是重要功能之一,根据实际应用需要,可以采用不同的通信接口进行数据交换,一般采用控制器局域网 CAN、RS485、以太网等。

三、储能变流器(PCS)

PCS 是储能系统与电力系统之间实现电能双向流动的核心部件,由交直流双向变流器、控制单元等构成,成本约占整个储能系统的 6%。PCS 主电路拓扑如图 1-7 所示。

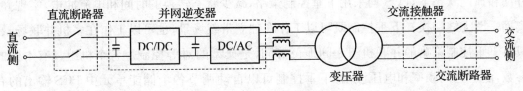

图 1-7 PCS 主电路拓扑

PCS 常用控制策略有恒功率(Power Factor,PQ)控制、电压频率变换(Volt Frequency,VF)控制、下垂控制、虚拟同步机(Virtual Synchronous Generator,VSG)控制。

(1) PQ 控制。当电网电压和频率在正常允许范围内,即 $f_{min} < f < f_{max}$、$U_{min} < U < U_{max}$,储能系统输出的有功、无功功率是定值。PQ 控制示意图如图 1-8 所示。PQ 控制在并网状态下应用,储能系统会跟随电网的电压和频率,但是不承担电网电压和频率的调节任务。

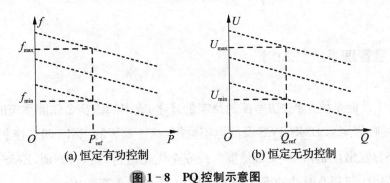

(a) 恒定有功控制 (b) 恒定无功控制

图 1-8 PQ 控制示意图

(2) VF 控制。储能系统维持输出电压和频率不变,而输出的有功、无功功率由负荷变化决定。VF 控制示意图如图 1-9 所示,其常用于微网的孤岛状态,用于支持电网电压与频率,相当于电力系统平衡节点。

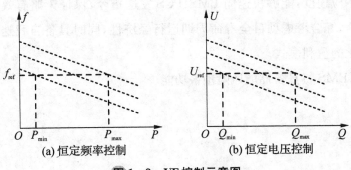

(a) 恒定频率控制 (b) 恒定电压控制

图 1-9 VF 控制示意图

（3）下垂控制。该模式克服传统 PQ 与 VF 模式并/离网切换时可能失败的风险。在并网和孤网状态下，PCS 均采用下垂控制策略，减少状态转换的时间和电流冲击，实现并/离网平滑无缝切换。下垂控制既可以工作在独立带载场景，也可以工作在多机并联场景。具有下垂控制策略的并联机组之间地位等同，是典型的对等控制。各个机组具有不同的参数，随着电网频率和电压波动，下垂控制可以自动调节各个储能单元中 PCS 输出的有功、无功功率，不需要通信，便可以实现负荷功率的自动分配。

（4）VSG 控制。这是一种基于同步发电机暂态模型的新型微电网逆变电源控制方法，借鉴同步发电控制中调速器和励磁调节器的控制方法来设计 PCS 控制器，使输出特性类似一个同步发电机系统，对电力系统具有更加友好的并网特性。

总体来看，PQ 控制适用于并网状态，但是无调频能力、无电压支撑能力，一旦系统遭遇突发情况，从并网切换至孤网状态时，电压中断将影响正常工作；VF 适用于孤网状态；下垂控制对频率快速波动的抑制能力有限，不利于系统稳定；VSG 控制能模拟同步发电机的惯性，较好地抑制频率快速波动，较好地维持系统稳定运行，适用于高比例可再生能源电力系统。

四、能量管理系统（EMS）

EMS 用于储能系统监控、功率控制及能量管理，成本约占整个储能系统的 3%。一方面，EMS 通过收集全部 BMS、PCS 及配电柜数据，基于部署的 EMS 调度控制策略进行决策，向各个部分发出控制指令，实现储能系统安全优化运行。另一方面，EMS 监控系统运行中的故障异常，起到及时快速保护设备、保障安全性的重要作用。

EMS 之于储能系统，相当于大脑之于人体，担任决策角色。EMS 控制策略影响电池衰减速率和循环寿命，从根本上影响着整个储能系统的运行与投资回报。

EMS 是软硬一体产品，要求具备稳定的软、硬件，包括高低温运行、电磁兼容性等；要求具有较快的响应速度，能够快速向 BMS、PCS 发送指令，保证策略有效执行；要求部署智能的控制策略，综合考虑项目全寿命周期运行经济性，同时具备自我迭代和升级功能，以面临不断变化的盈利模式。

未来，智能 EMS 将具备储能风险预警功能。

第五节　电化学储能接入位置

不同应用场景、不同储能规模，接入位置不同。根据《电化学储能系统接入电网技术规定》(GB/T 36547—2018)，电化学储能系统接入电网的电压等级推荐如表1-7所示。百兆瓦级储能系统需接入220 kV及以上电网；五兆瓦至百兆瓦储能系统可以接入35 kV～110 kV电压等级电网；兆瓦级以下的储能系统可以接入380 V低压交流侧。

表1-7　电化学储能系统接入电网电压推荐等级表

电化学储能系统额定功率	接入电压等级	接入方式
8 kW及以下	220 V/380 V	单相/三相
8 kW～1 000 kW	380 V	三相
500 kW～5 000 kW	6 kV～20 kV	三相
5 000 kW～100 000 kW	35 kV～110 kV	三相
100 000 kW以上	220 kV及以上	三相

独立储能单体规模大，一般接入220 kV及以上电网；新能源场站内部的集中式储能规模较大，一般接入35 kV交流母线；用户侧储能规模较小，可以接入380 V低压交流侧。

第二章

电化学储能政策标准

　　储能作业作为支撑新能源消纳和提升电力系统灵活调节能力的关键技术，近年来受到国家的高度重视。在"双碳"目标的引领下，在国家一系列政策支持下，中国加快构建清洁低碳、安全高效的能源体系，推动了储能技术的突破。

第一节 国家级储能相关政策

一、行业纲领性文件

2017年,储能产业首个国家级政策《关于促进我国储能技术与产业发展的指导意见》提出"十四五"期间实现储能规模化发展。2020年,我国储能呈现多元发展良好态势,总体上初步具备了产业化基础。

表2-1 国家级纲领政策

政策名称	时间	重要内容
《关于促进我国储能技术与产业发展的指导意见》(发改能源〔2017〕1701号)	2017年10月	首次明确了我国储能技术与产业发展的重要意义、总体要求、重点任务。
《关于加快推动新型储能发展的指导意见》(发改能源〔2021〕1051号)	2021年7月	➢ **发展目标**:2025年,新型储能实现从商业化初期向规模化发展转变,装机规模达3 000万千瓦以上;2030年,实现新型储能全面市场化发展。 ➢ **市场机制**:明确新型储能独立市场主体地位;健全新型储能价格机制;健全"新能源+储能"项目激励机制。
《"十四五"新型储能发展实施方案》(发改能源〔2022〕209号)	2022年2月	➢ **发展目标**:2025年电化学储能系统成本降低30%以上。 ➢ **电源侧应用**:推动系统友好型新能源电站建设,支撑高比例可再生能源基地外送,促进沙漠、戈壁、荒漠大型新能源基地开发消纳,促进大规模海上风电开发消纳,提升常规电源调节能力。 ➢ **电网侧应用**:提高电网安全稳定运行水平,增强电网薄弱区域供电保障能力,延缓和替代输变电设施投资,提升系统应急保障能力。 ➢ **用户侧应用**:支撑分布式供能系统建设,提供定制化用能服务,提升用户灵活调节能力。 ➢ **市场机制**:探索推广共享储能,研究开展储能聚合应用,创新投资运营模式。

2021年,储能商业模式逐渐成形,"以市场为主导""激发市场活力"是储能政策部署的重点之一。储能产业呈现出市场参与者多元化、商业模式逐步丰富、收益空间提升、成本传导畅通的发展趋势,有望逐步向市场化迈进。

2022年,国家及地方出台新型储能相关政策600余项,储能政策向用户侧倾斜。政策发力给予良好市场氛围,因此2022年内储能项目备案、招投标、拟在建和投运并网总数超过1 100个。

2023年6月,国家能源局发布《新型电力系统发展蓝皮书》(新型电力系统发展路径如图2-1所示),结合新型电力系统2030年、2045年、2060年三大重要时间节点,储能发展路径也将分为"三步走"。

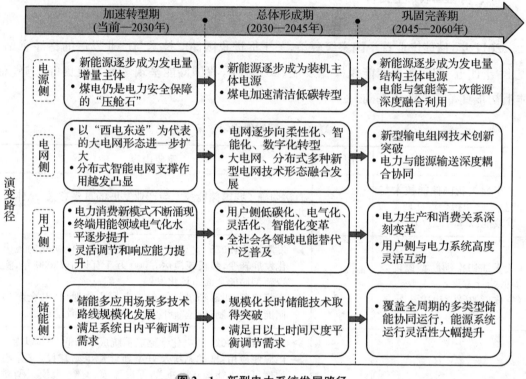

图2-1 新型电力系统发展路径

新能源渗透率达到15%～20%,需要短时储能提供功率调节能力;达到40%～50%,需要逐渐引入长时储能为系统提供能量调节能力;达到70%以上,长期储能造成的能量损耗问题突出,需要提高氢的综合利用水平,同时要求需求侧提供系统调节能力。

二、储能市场化政策

2022年6月,国家发展改革委、国家能源局联合印发《关于进一步推动新型储能参与电力市场和调度运用的通知》(发改办运行〔2022〕475号)。表2-2为新型储能参与电力市场的鼓励政策。

表2-2 新型储能参与电力市场的鼓励政策

类别	政策内容
电源侧储能	鼓励以配建形式存在的新型储能项目,通过技术改造满足同等技术条件和安全标准时,可转为独立储能项目。
	鼓励与所配建的其他类型电源联合并视为整体,按照现有相关规则参与电力市场。
	随着市场建设逐步成熟,鼓励探索同一储能主体可以按照部分容量独立、部分容量联合两种方式同时参与的市场模式。
独立储能	具有法人资格的新型储能项目,可转为独立储能,作为独立主体参与电力市场。
	加快推动独立储能参与中长期市场和现货市场。
	鉴于现阶段储能容量相对较小,鼓励独立储能签订顶峰时段和低谷时段市场合约,发挥移峰填谷和顶峰发电作用。
	向电网送电的,其相应充电电量不承担输配电价和政府性基金及附加。
	鼓励独立储能按照辅助服务市场规则或辅助服务管理细则,提供有功平衡服务、无功平衡服务和事故应急及恢复服务等辅助服务,以及在电网事故时提供快速有功响应服务。辅助服务费用应根据《电力辅助服务管理办法》有关规定,按照"谁提供、谁获利,谁受益、谁承担"的原则,由相关发电侧并网主体、电力用户合理分摊。
用户侧储能	根据各地实际情况,鼓励进一步拉大电力中长期市场、现货市场上下限价格。
	鼓励用户采用储能技术减少自身高峰用电需求,减少接入电力系统的增容投资。

第二节 地方储能相关政策(以江苏省为例)

一、行业纲领性文件

2022年8月,江苏发改委印发《江苏省"十四五"新型储能发展实施方案》(苏发改能源发〔2022〕831号)明确到:2025年,江苏省新型储能装机规模达到2.6 GW左右,重点发展电源侧新型储能,有序发展电网侧新型储能,灵活发展用户侧新型储能,推进新型储能技术示范应用,探索新型储能商业模式。其中,电源侧新型储能原则上在风电场、光伏电站、火电厂等场站内部建设,或根据需要集中共建共享,以减小新能源出力波动,缓解系统调峰、调频压力,促进新能源消纳。鼓励在新能源电站内外就近布置集中或分散式储能,改善新能源涉网性能。

2023年6月,江苏发展改革委起草《加快推动我省新型储能项目高质量发展的若干措施(征求意见稿)》(表2-3)明确:2027年,江苏省新型储能项目规模达到5 GW左右,技术应用种类达到5种。着力推进技术成熟的锂离子电池储能规模化发展,积极支持压缩空气、液流电池、热储能、重力储能、飞轮储能、氢储能等创新技术示范。

表2-3 《加快推动我省新型储能项目高质量发展的若干措施(征求意见稿)》

	电网侧	电源侧	用户侧
规模	3.5 GW(到2027年,右同)	0.5 GW	1 GW
倾向	重点发展	支持发展	鼓励发展
工程建设	➤ 额定功率50 MW及以上项目由省级能源主管部门评估后纳入规划。 ➤ 连续放电时间不应低于2小时。 ➤ 采用锂电池技术:完全充放电次数不应低于6 000次,充放电深度不低于90%,审慎选用梯次利用动力电池。	作为电源主体项目的部分建设内容,随电源主体项目规划、管理。	纳入用户主体项目范畴进行规划和管理。
电力市场	➤ 当前,可参与中长期交易和辅助服务市场。 ➤ 未来,电力现货市场正式启动运行后,按电力现货市场规则参与交易。	可依规通过联合或聚合等形式参与电力市场,也可通过技术改造满足同等技术条件和安全标准后,选择转为独立新型储能项目参与电力市场。	

续　表

	电网侧	电源侧	用户侧
调用结算方式	暂参照发电项目进行调用结算： ➤ **迎峰度夏/冬**：全容量充放电调用次数不低于160次或放电时长不低于320小时时，上网价格为0.391元/(kW·h)，不结算充电费用。 ➤ **非迎峰度夏/冬**：按需自行充放电，上网价格为0.391元/(kW·h)，下网价格按上网价格的60%结算。可参与辅助服务市场获取相应补贴。	/	
补贴扶持	迎峰度夏/冬，按上网电量补贴，补贴标准： ➤ 2023年至2024年：0.3元/(kW·h)。 ➤ 2025年至2026年1月：0.25元/(kW·h)。	/	
容量租赁	新能源企业按照自愿原则，可在全省范围内租赁或购买独立新型储能项目容量的方式落实配建储能要求，价格费用自主协商。	/	

从江苏省储能政策演变不难看出，独立储能将成为江苏省新型储能的主流形式，其单体规模较新能源配储项目更大，易于电网调度、收益模式多元。

二、新能源配储要求

目前，江苏省新能源配储相关要求仅针对光伏，尚未对风电做明确要求，仅提到后续将要求海上风电配套新型储能项目。江苏省新能源配储政策演变如表2-4。

表2-4　江苏省新能源配储要求

政策名称	时间	重要内容
《关于我省2021年光伏发电项目市场化并网有关事项的通知》(苏发改能源发〔2021〕949号)	2021年9月	➤ **项目范围**：光伏发电市场化并网项目，指保障性并网规模外仍有意愿并网的光伏发电项目，可通过自建、合建共享或购买服务等市场化方式落实并网条件后，由电网企业予以并网。 ➤ **并网条件**：配套新增的新型储能、抽水蓄能、压缩空气储能，以及现役供热气电、煤电机组灵活性改造。 ➤ **建设要求**：鼓励发电企业市场化参与调峰资源建设，新建光伏发电项目。 　长江以南地区原则上按照功率8%及以上比例配建调峰能力(时长2h)。 　长江以北地区原则上按照功率10%及以上比例配建调峰能力(时长2h)。 　新型储能运行期内容量衰减率不应超过20%，交流侧效率不应低于85%，放电深度不应低于90%，电站可用率不应低于90%。

政策名称	时间	重要内容
《关于进一步做好光伏发电市场化并网项目配套调峰能力建设有关工作的通知》（苏发改能源发〔2023〕404 号）	2023 年4 月	➤ 火电机组灵活性改造、抽水蓄能不再作为市场化并网项目配套调峰能力。 ➤ 新增纳入实施库的光伏发电市场化并网项目，均应采取自建、合建或购买新型储能（包括电化学储能、压缩空气、重力储能等）方式落实市场化并网条件。
《江苏省海上光伏开发建设实施方案（2023—2027 年）》（苏发改能源发〔2023〕561 号）	2023 年5 月	➤ 要求配置或购买功率不低于 10%、时长 2 h 的新型储能设施（服务）。 ➤ 推动在沿海地区建设大型共享储能电站。
《加快推动我省新型储能项目高质量发展的若干措施（征求意见稿）》	2023 年6 月	在我省海上风电等项目开发中，将要求配套建设新型储能项目。

2021 年，江苏省鼓励新建光伏市场化并网项目，通过配置新型储能、抽水蓄能、压缩空气或者火电机组灵活性改造等方式落实并网条件。2023 年，江苏省规定新建光伏市场化并网项目，均应通过配置新型储能落实市场化并网条件。

截至 2023 年 6 月，新建光伏市场化并网项目需要根据区域资源禀赋，采用自建、合建或购买新型储能的方式配建功率 8% 或 10% 的时长 2 小时及以上的调峰能力。

三、储能市场化政策

2022 年 6 月，江苏发展改革委印发《江苏省电力现货市场运营规则（V1.0 版）》，电力现货市场交易标的物包括：电能量、调频服务和备用服务。《规则》明确储能目前仅参与调频辅助服务市场。

2023 年 3 月，江苏能监办修订并公开《江苏省电力中长期交易规则（征求意见稿）》，新增储能企业作为市场成员，但是文件并未明确储能参与中长期交易的具体规则。

第三节　江苏省管理实施细则

江苏省鼓励新型储能提升新能源消纳能力，改善新能源涉网性能。

因此，本节将总结《江苏电力并网运行管理实施细则》和《江苏电力辅助服务管理实施细则》(统称:《细则》)有关风电场、光伏电站规定，探索新型储能"何以可为"。

一、并网运行管理实施细则

《细则》要求新能源场站具备功率预测、自动发电控制（Automatic Generation Control，AGC）、一次调频等功能。新能源场站可利用电化学储能快速功率调节和双向功率调节性能，减少有功功率实际出力与预测之间的偏差、提升 AGC 与一次调频响应性能，实现减少考核成本。

表 2-5　江苏省风电场、光伏电站运行管理有关规定总结

	类别	要求	考核
功率预测	中短期	每日 8 点向调度提交未来 10 天每 15 分钟共 960 个时间节点的有功功率预测数据和开机容量： ➤ 次日 96 点合格率不小于 90%。 ➤ 第 10 日 96 点合格率不小于 70%。	超过月度总点数 2% 的每个不合格点按额定容量考核 1 元/MW。
	超短期	每 15 分钟向调度提交未来 4 小时每 15 分钟共 16 点有功功率预测数据： ➤ 第 15 分钟点合格率不小于 97%。 ➤ 第 4 小时点合格率不小于 87%。	每个不合格点按额定容量考核 0.4 元/MW。
AGC	投运率	达到 98%	每低 1%，考核 5 元/(MW·月)。
	调节范围	20%～100% 额定容量范围内连续可调	下限达不到 20%，每超 1%，考核 15 元/(MW·月)。
	调节速度	达到 10% 额定容量/分	每降低 0.1% 额定容量/分，考核 5 元/(MW·月)。
	调节精度	min{1.5% 额定容量，0.05 MW} 以内	每超 0.1% 额定容量，考核 5 元/(MW·月)。
一次调频	投运率	达到 98%	每低 1%，考核 0.1 元/(MW·天)。
	响应指数	光伏电站:0.8;风电场:0.7	每低 0.01，考核 0.4 元/(MW·天)。

注:合格率＝(1－|实际功率－预测功率|/额定容量)×100%，按点统计，按月考核。

同时,《细则》明确了新型储能并网运行管理规定,主要针对并网的储能电站(表2-6)。

表2-6　江苏省新型储能并网运行管理有关规定总结

类别	要求
调度纪律	严格执行调度制定的有关规程和规定,出现下列事项,考核10万元/次: ➤ 未经调度同意,擅自调整启停和充放电切换模式、擅自开展设备检修、并网调试。 ➤ 不执行调度下达的保证电网安全运行的措施、不执行调度指令或未如实报告调度指令执行情况。 ➤ 现场值班人员离开工作岗位期间未指定接令者,延误电网事故的处理。
继电保护和安全装置运行	配置及运行维护应执行国家和调度有关规程、标准以及相关规定: ➤ 继电保护误动作,考核5万元/次。 ➤ 安全自动装置改造未经调度批准,考核1万元/次。 ➤ 继电保护及安全自动装置的配置和选型未按要求执行的,考核2万元/月。 ➤ 微机型继电保护装置的程序版本未按要求执行,考核1 000元/(套·月)。 ➤ 并网模式下,应具备快速检测孤岛及立即断开与电网连接的能力,防孤岛保护动作时间应不大于2 s,应与电网侧线路保护相配合,未按要求执行的,考核1万元/月。
调度自动化	配置及运行维护应执行国家和调度有关规程、标准以及相关规定: ➤ 未经调度机构同意,在自动化设备及其二次回路上工作,考核1万元/次。 ➤ 未采用双平面调度数据网方式与调度机构进行通信,考核1万元/月。 ➤ 监控系统安全防护不满足相关规定的要求,考核2万元/月。 ➤ 监控系统所采用的设备和系统未通过国家认可认证机构的检测,考核2万元/月。 ➤ 监控系统应采用开放、分层、分布式计算机双网络结构,自动化设备应采用站内直流电源或冗余配置的不间断电源供电,未按要求执行的,考核1万元/月。
电力通信	通信设备配置及运行维护应执行国家和调度有关规程、标准以及相关规定: ➤ 未采用光纤通信,不具备两条不同路由的光缆,未按要求执行的,考核1万元/月。 ➤ 通信系统接入配置技术要求、选型不满足电力通信相关要求,考核1万元/月。 ➤ 并网前未向调度提供站内通信系统的验收报告、检测报告、试运行报告等内容,考核1万元/次。 ➤ 未定期开展通信系统运行巡视巡检工作,并向调度机构提供巡视巡检报告,考核1万元/次。
调频	电化学储能电站应同时具备就地充放电控制和远方遥控功能,可根据调度指令,控制其充放电功率,出现以下情况,考核500元/(MW·月): ➤ 动态响应速度不满足电网运行要求。 ➤ 启停和充放电切换引起公共连接点处电能质量超出规定范围。 ➤ 充放电切换时间不满足相关标准要求,不满足调频、调峰等相关工作的技术要求。
调压	电化学储能电站应具备电压/无功调节能力,调节范围和调节方式应满足调度的相关要求,不满足下列要求,考核1万元/月: ➤ 接入10(6) kV及以上电压等级的并网点功率因数应能在0.95(超前)和0.95(滞后)范围内连续可调,无功功率输出范围内,应能按照调度指令参与电网电压调节,无功动态响应时间应不大于100 ms。 ➤ 接入10(6) kV及以上电压等级应纳入地区电网无功电压运行管理,调度根据储能电站类型和电网运行需求确定电压调节方式,制定储能电站电压控制曲线或功率因数控制要求。

二、辅助服务管理实施细则

1. 江苏省电力辅助服务种类

电力辅助服务的种类分为有功平衡服务、无功平衡服务和事故应急及恢复服务,提供方式分为基本电力辅助服务和有偿电力辅助服务(表2-7)。

表2-7　江苏省电力辅助服务基本概念

分类	服务		方式	定义
有功平衡	调频	一次调频	基本	当系统频率偏离目标频率时,新能源和储能等并网主体通过快速频率响应,调整有功出力、减少频率偏差。
		二次调频	有偿	并网主体通过自动功率控制技术,跟踪调度下达指令,按照一定调节速率实时调整发用电功率,以满足电力系统频率、联络线功率控制要求。
	调峰	基本调峰	基本	发电机组在规定出力调整范围内,为跟踪负荷峰谷变化而有计划地按照一定调节速度进行机组出力调整。
		有偿调峰	有偿	发电机组超过基本调峰范围进行深度调峰,以及发电机组按电力调度指令要求在24小时内完成启停机(炉)进行调峰。
	备用	旋转备用	有偿	为保证可靠供电,根据调度指令的并网机组所提供的必须在10分钟内调用的预留发电容量。
		热备用	有偿	为保证可靠供电,根据调度指令的未并网机组所提供的必须在1小时内能够调用的热备用容量。
	转动惯量		有偿	系统经受扰动时,并网主体根据自身惯量特性提供响应系统频率变化率的快速正阻尼,阻止系统频率突变所提供的服务。
	爬坡		有偿	为应对可再生能源发电波动等不确定因素带来的系统净负荷短时大幅变化,具备较强负荷调节速率的并网主体根据调度指令调整出力,以维持系统功率平衡所提供的服务。
无功平衡	基本无功调节		基本	发电机组在迟相功率因数大于发电机额定功率因数的情况下向电力系统发出无功功率,或在进相功率因数大于0.98的情况下向电力系统吸收无功功率。
	有偿无功调节		有偿	发电机组按调度指令在迟相功率因数小于发电机额定功率因数的情况下向电力系统发出无功功率,或在进相功率因数小于0.98情况下向电力系统吸收无功功率,以及发电机组在调相工况运行时向电力系统发出或吸收无功功率。
事故应急及恢复	稳定切机		基本	电力系统发生故障时,稳控装置正确动作后,发电机组自动与电网解列。
	稳定切负荷		基本	电网发生故障时,安全自动装置正确动作切除部分用户负荷,用户在规定响应时间及条件下以损失负荷来确保电力系统安全稳定。
	黑启动		有偿	电力系统大面积停电后,在无外界电源支持的情况下,由具备自启动能力的发电机组或抽水蓄能、新型储能等所提供的恢复系统供电。

有功平衡服务包括调频、调峰、备用、转动惯量、爬坡等。无功平衡服务即电压控制服

务,是指为保障电力系统电压稳定,并网主体根据调度下达的电压、无功出力等控制调节指令,通过自动电压控制(Automatic Voltage Control, AVC)、调相运行等方式,向电网注入、吸收无功功率,或调整无功功率分布所提供的服务。事故应急及恢复服务包括稳定切机服务、稳定切负荷服务和黑启动服务。

江苏省开展调峰、调频市场化交易,有偿调峰、调频不执行《江苏电网统调发电机组辅助服务管理实施办法》,其他辅助服务仍执行上述《管理实施方法》。但是,因局部电网运行需要,安排的机组启停不属于市场化调用,仍参照《江苏电网统调发电机组辅助服务管理实施办法》予以补偿。

2. 江苏省调峰市场

2018 年 11 月,江苏能源监管办、江苏省工信厅印发《江苏电力辅助服务(调峰)市场建设工作方案》和《江苏电力辅助服务(调峰)市场交易规则》。2019 年 9 月,江苏能源监管办印发《江苏电力辅助服务(调峰)市场启停交易补充规则(征求意见稿)》。如下是与"新能源+储能"参与有偿调峰的相关内容。

电力调峰辅助服务市场包括:深度调峰交易、启停调峰交易。

(1) 深度调峰交易

定义:在系统负备用不足时,因系统功率平衡需要,调减并网机组出力,以低于有偿调峰基准的机组调减出力为标的的交易。机组出力大于等于有偿调峰基准的调峰服务属于市场成员应承担的基本义务,调度机构按需无偿调用。

参与主体:市场建设初期,主体为燃煤机组、核电机组。调峰能力≥50%的燃煤机组必须参与调峰市场报价,其他燃煤机组自愿参与,但电网运行需要时,按规则强制参与。市场建设后期,燃气机组、风电场、光伏电站等参与深度调峰市场。

交易流程:日前报价、日前预出清、日内按序调用、日内出清。

中标机组要求:单台机组深度调峰调用时间不低于 1 小时,两次深度调峰间隔不低于 2 小时。

(2) 启停调峰交易

定义:根据日前电网调峰需要,市场主体通过启停发电机组、增加充放电等提供的调峰服务。

参与主体:市场建设初期,主体为燃煤机组和储能电站。市场建设后期,确定燃气机组无偿启停调峰基准和风电、光伏电站启停调峰测算方式后,参与启停调峰市场。

准入条件:储能电站或者综合能源服务商汇集储能电站总量的规模达到 20 MW/40 MW·h以上。

交易流程：日前报价、日前出清、日前调用。

中标机组要求：机组启停调峰最小停机时长原则上不低于 4 小时，最大停机时长原则上不超过 48 小时。

特殊情况下，若遇电网临时需要增加负备用调峰资源（如新能源大幅超过日前预测、负荷大幅低于日前预测），可以根据电网运行实际情况，日内临时组织深度调峰辅助服务市场。原则上日内临时组织深度调峰辅助服务市场至少应提前 2 小时，报价、预出清方式参照日前市场。

3. 江苏省调频市场

2020 年 6 月，江苏能源监管办、江苏发展改革委印发《江苏电力辅助服务（调频）市场交易规则（试行）》，如下是与"新能源＋储能"参与调频市场相关的内容。

（1）定义

电力调频辅助服务是指电源在一次调频以外，通过 AGC 在规定的出力调整范围内，跟踪电力调度指令，按照一定调节速率实时调整发电出力，以满足电力系统频率和联络线功率控制要求的服务。

（2）交易主体

交易主体包括满足准入条件且具备 AGC 调节能力的各类统调发电企业（火、水、风、光、核）、储能电站、综合能源服务商。

储能电站准入条件：10 MW/20 MW·h 以上。

综合能源服务商准入条件：汇集储能单站充放电功率达到 5 MW 以上、汇集储能总量达到 10 MW/20 MW·h 以上。

（3）交易流程

交易流程包括按周报价、日前预出清、日内调用。其中，储能电站、综合能源服务商只需要申报是否参与市场。

第四节　江苏省储能发展预测

根据上述政策与细则现状,聚焦公司业务领域,总结江苏省新能源配储与独立储能的发展趋势(表2-8)。如下将逐条解释。

表2-8　江苏省储能发展趋势预测

	功能	目前	第一阶段	第二阶段	第三阶段
新能源配储	提升消纳能力	随着新能源渗透率提升,储能需求愈强烈			
	改善涉网性能	随着功率预测、一次调频、AGC考核日趋严格,储能需求愈强烈			
	电力市场	调频	调峰＋调频	中长期＋现货＋调频	中长期＋现货＋调频＋备用
独立储能	共享储能	新能源强配政策下,容量租赁是固定收入来源。未来,逐步演变为开放型共享市场。			
	电力市场	中长期＋调峰＋调频		中长期＋现货＋调频	中长期＋现货＋调频＋备用
	容量成本回收	/	/	容量直接补偿	容量市场

一、新能源配储

1. 储能帮助新能源提升消纳能力

由于江苏省是受端电网,因此现阶段消纳问题并不凸显。随着新能源渗透率提升,系统调节能力和支撑能力提升面临诸多掣肘,新能源消纳形势日趋严峻。未来,储能能量价值将逐渐凸显。

2. 储能帮助新能源改善涉网性能

随着新能源渗透率提升,高比例可再生能源和高比例电力电子设备的"双高"特性日益凸显,表现为低惯量、低阻尼、弱电压支撑,电力系统安全稳定运行面临挑战。储能帮助新能源场站提升电网友好性,为电力系统提供主动支撑,体现为功率价值。

3. 储能配合新能源参与电力市场

现阶段,新能源仅能参与调频市场。根据政策,风电场、光伏电站后期将参与深度调峰市场与启停调峰市场,储能体现容量价值。未来,储能参与电力现货市场相关细则落实后,"新能源＋储能"将联合参与电力中长期市场、电力现货市场、调频市场与备用市场。

二、独立储能

1. 独立储能参与共享市场

首先,共享储能是一种商业模式。独立储能参与共享市场,即为共享储能。共享储能服务类型分为:按容量计费和按充放电量计费。

(1)按容量计费:出售商品是一定时期内储能容量的使用权。一般独立储能采用该定价模式。

(2)按充放电量计费:出售商品是储能充放电能力,实现"充或放多少,付多少"。未来,共享储能市场中,拥有储能的新能源场站同样可以提供服务。

目前,由于储能成本昂贵、盈利模式匮乏、整体利用率低,强行配置储能将恶化新能源项目经济性。新能源强制配储政策下,各省推出独立储能的容量租赁模式。该模式不仅能够帮助新能源场站节约储能投资成本,同时能够增加独立储能项目收入,实现"双赢"。容量租赁是目前独立储能项目的主要收入来源之一。

从2023年最新公布的投标价格来看,容量租赁费用区间单价为230～280元/(kW·年),与2022年中标成交价格320元/(kW·年)相比,呈现下降趋势。各省份陆续发布关于储能容量租赁的指导价格(表2-9)。

表2-9　其他省份储能容量租赁的指导价格

省份	时间	文件	指导价格
河南	2022年8月	《河南省"十四五"新型储能实施方案》	200元/(kW·h·年)
广西	2023年4月	《加快推动广西新型储能示范项目建设的若干措施(试行)》	160～230元/(kW·h·年)
新疆	2023年5月	《关于建立健全支持新型储能健康有序发展配套政策的通知》	300元/(kW·年)
吉林	2023年6月	《吉林省新型储能建设实施方案(试行)》(征求意见稿)	337元/(kW·h·年)

但是,容量租赁市场是由政策驱动,而非自发产生。需求总量主要取决于该省新能源强配比例,强配比例要求越高,容量租赁需求越大。因此,政策的可操作性、保障力度,直接决定容量租赁的发展。

未来,共享储能市场必然呈多元形式,容量计费和充放电量计费服务相结合,拥有储能的新能源场站在有余力的情况下同样可以作为服务提供者。共享储能市场将逐渐回归本质,依托储能设备实现区域性电能平衡。目前来看,在独立储能成本无法向用户侧疏导或者电力市场没有成为收入主力之前,容量租赁将作为独立储能的过渡性收入。

2. 独立储能容量回收机制

容量成本回收机制包括稀缺定价、容量成本补偿和容量市场。

(1)稀缺定价:不设立固定投资回收机制,通过电能量市场的稀缺电价,在供应紧张时段以极高价格,补偿容量投资成本。

(2)容量补偿:通过行政监管核定可补偿容量和补偿标准,直接获得容量电费,一般由电力用户分摊。

(3)容量市场:将可用容量作为交易标的,通过参与容量市场竞争获得容量电费。

考虑到中国正处于现货市场建设初期,容量市场规则设计与市场主体尚未完善与成熟。相较于对市场成熟度要求更高的现货市场稀缺定价与容量市场机制,定向针对独立储能建立容量补偿机制相对简单、易行,更适应于独立储能起步发展的过渡阶段。

表 2 – 10   其他省份储能容量补偿的实施细则

省份	文件	机制	实施细则
山东	《山东省电力现货市场交易规则(试行)》(2022年试行版 V1.0)	容量补偿	按照省发改委核定的容量补偿电价[0.099 1 元/(kW·h)]向用户侧收取,每月结算一次。独立储能月度可用容量=λ·(有效充放电容量/2);λ 暂定为 1,独立储能有效充放电容量由电力调度定期核查。
甘肃	《甘肃省电力辅助服务市场运营规则(试行)》	调峰容量市场	独立储能按额定容量作为市场申报上线,依据市场出清结果按日获取调峰容量补偿,申报和补偿标准上限暂按 300 元/(MW·日)执行。

目前,陆续有省份制定容量成本回收机制。江苏省第一阶段采用容量补偿、第二阶段采用稀缺定价和容量市场的可能性较大。

3. 独立储能参与电力市场

目前,江苏省规模达 20 MW/40 MW·h 及以上储能电站可以参加启停调峰交易,规模达 10 MW/20 MW·h 及以上储能电站可以参加调频交易。根据电力市场发展趋势,未来独立储能编入现货市场交易规则后,能够参与电力中长期市场、电力现货市场、调频市场与备用市场。

第五节 国家级储能相关标准

2023年2月,国家标准化管理委员会、国家能源局联合印发《新型储能标准体系建设指南》,其中与电化学储能相关的国家标准与行业标准共150项(表2-11)。具体工作中,必须参考现行标准。

表2-11 电化学储能系统的国家与行业标准

编号	标准类别	标准名称	标准类型	标准号/计划号
1	基础通用	全钒液流电池 术语	国家标准	GB/T 29840—2013
2		电化学储能电站标识系统编码导则	行业标准	DL/T 1816—2018
3		电化学储能系统溯源编码规范		DL/T 2082—2020
4	规划设计（设计）	电化学储能电站设计规范	国家标准	GB/T 51048—2014
5		风光储联合发电站设计标准		GB/T 51437—2021
6		电力系统配置电化学储能电站规划导则		20214764—T—524
7		电化学储能电站接入电网设计规范	行业标准	DL/T 5810—2020
8		分布式储能接入电网设计规范		DL/T 5816—2020
9		电化学储能电站可行性研究报告内容深度规定		能源 20210371
10		电化学储能电站初步设计内容深度规定		能源 20210372
11		电化学储能电站施工图设计内容深度规定		能源 20210373
12		新能源基地跨省区送电配置新型储能规划技术导则		能源 20220266
13		电化学储能电站勘察规范		待计划
14		电化学储能电站防火设计规范		
15		电网侧储能规划设计技术导则		
16		户用储能设计规范		
17		电化学储能电站暖通设计规范		
18		电力用氢储能电站设计规范		
19	规划设计（技术管理）	电化学储能电站运行指标及评价	国家标准	GB/T 36549—2018
20		电化学储能电站后评价规范		20212968—T—524
21		电力储能用锂离子电池监造导则		20214480—T—524
22		电化学储能电站设备可靠性评价规程	行业标准	DL/T 1815—2018

编号	标准类别	标准名称	标准类型	标准号/计划号
23		储能电站技术监督导则		能源 20210351
24		储能电站项目管理规范		
25		储能电站测量技术监督规程		
26		储能电站电能质量技术监督规程		
27		储能电站环保技术监督规程		
28		储能电站化学技术监督规程		
29		储能电站绝缘技术监督规程		
30		储能电站监控及自动化技术监督规程		
31		储能电站节能技术监督规程		
32		储能电站继电保护技术监督规程		
33		电化学储能电站技术监督导则		
34		电力储能用变流器监造导则		
35		电化学储能电站概算编制导则		
36	规划设计（技术管理）	电化学储能电站概算定额	行业标准	待计划
37		电化学储能电站工程预算定额		
38		电化学储能电站工程建设预算项目划分导则		
39		电化学储能电站工程工程量清单计价规范		
40		电化学储能电站工程工程量清单计算规范		
41		电化学储能电站工程建设预算编制与计算规定		
42		电化学储能电站工程估算指标		
43		电化学储能电站工程可行性研究投资估算编制导则		
44		电化学储能电站工程初步设计概算编制导则		
45		电化学储能电站工程施工图预算编制导则		
46		电化学储能电站工程结算编制导则		
47		电化学储能电站工程经济评价导则		
48		电化学储能电站检修工程量清单计价规范		
49		电化学储能电站检修工程量清单计算规范		
50		电化学储能电站经济评价导则		
51		电力用氢储能电站技术监督导则		

编号	标准类别	标准名称	标准类型	标准号/计划号
52		全钒液流电池通用技术条件		GB/T 32509—2016
53		电力储能用电池管理系统		GB/T 34131　2017
54		超级电容器 第1部分：总则		GB/T 34870.1—2017
55		全钒液流电池 设计导则		20201499—T—604
56		移动式储能电站通用规范		20204056—T—524
57		电化学储能电站建模导则		20204670—T—524
58		分布式储能集中监控系统技术规范		20212966—T—524
59		电能存储系统用锂蓄电池和电池组 安全要求	国家标准	20214450—Q—339
60		电力储能用锂离子电池		20214482—T—524
61		移动式电化学储能系统技术要求		20214743—T—524
62		电力储能用铅炭电池		20214747—T—524
63		智能电化学储能电站技术导则		20214749—T—524
64		电化学储能电站监控系统技术规范		20214755—T—524
65	设备试验（设备）	预制舱式锂离子电池储能系统技术规范		20214759—T—524
66		电力系统电化学储能系统通用技术条件		20214760—T—524
67		电化学储能系统储能变流器技术要求		20214762—T—524
68		电化学储能电池管理通信技术要求		20214767—T—524
69		全钒液流电池用电解液技术条件		NB/T 42133—2017
70		全钒液流电池管理系统技术条件		NB/T 42134—2017
71		锌溴液流电池通用技术条件		NB/T 42135—2017
72		全钒液流电池用橡胶类密封件技术条件		NB/T 10092—2018
73		电化学储能电站监控单元与电池管理系统通信协议	行业标准	DL/T 1989—2019
74		锌镍液流电池通用技术条件		能源 20180299
75		全钒液流电池用碳质填料/聚合物复合材料双极板技术条件		能源 20180305
76		全钒液流电池用电堆技术条件		能源 20190470
77		电池储能系统储能协调控制器技术规范		能源 20210256
78		电力储能用直流动力连接器通用技术要求		能源 20210258

编号	标准类别	标准名称	标准类型	标准号/计划号
79	设备试验（测试）	电化学储能电站并网性能评价方法	国家标准	20204671—T—524
80		电化学储能系统接入电网测试规范		20214745—T—524
81		电化学储能电站模型参数测试规程		20214752—T—524
82		参与辅助调频的电源侧电化学储能系统并网试验规程	行业标准	能源 20210350
83	设备试验（梯次利用）	电力储能用锂离子电池退役技术要求	国家标准	20214481—T—524
84		电力储能用梯次利用锂离子电池系统技术导则	行业标准	DL/T 2315—2021
85		电力储能用梯次利用锂离子电池再退役技术条件		DL/T 2316—2021
86	施工验收	电化学储能电站施工及验收规范	国家标准	建标〔2013〕6 号文，序号 32
87		电化学储能电站启动验收规程		20214757—T—524
88		电化学储能电站调试规程		20214763—T—524
89		全钒液流电池 安装技术规范	行业标准	NB/T 42145—2018
90		锌基液流电池 安装技术规范		能源 20200240
91		参与辅助调频的电源侧电化学储能系统调试导则		能源 20210352
92		电力用氢储能电站施工及验收规范	待计划	
93		电化学储能电站绿色施工评价标准		
94	并网运行	电化学储能系统接入电网技术规定	国家标准	GB/T 36547—2018
95		用户侧电化学储能系统并网管理规范		20214748—T—524
96		用户侧电化学储能系统接入配电网技术规定		20214750—T—524
97		储能电站黑启动技术导则		20214756—T—524
98		电化学储能系统接入配电网运行控制规范		20214758—T—524
99		电化学储能系统接入电网运行控制规范		20214761—T—524
100		电化学储能电站并网运行与控制技术规范	行业标准	DL/T 2246—2021
101		电化学储能电站调度运行管理		DL/T 2247—2021
102		移动车载式储能电站并网与运行		DL/T 2248—2021
103		参与辅助调频的电厂侧储能系统并网管理规范		DL/T 2313—2021
104		电厂侧储能系统调度运行管理规范		DL/T 2314—2021

续　表

编号	标准类别	标准名称	标准类型	标准号/计划号
105	检验检测	全钒液流电池系统 测试方法	国家标准	GB/T 33339—2016
106		全钒液流电池可靠性评价方法		20202938 T 604
107		储能系统用可逆模式燃料电池模块		待计划
108		全钒液流电池用电解液 测试方法	行业标准	NB/T 42006—2013
109		全钒液流电池用双极板 测试方法		NB/T 42007—2013
110		全钒液流电池用离子传导膜 测试方法		NB/T 42080—2016
111		全钒液流电池 单电池性能测试方法		NB/T 42081—2016
112		全钒液流电池 电极测试方法		NB/T 42082—2016
113		全钒液流电池 电堆测试方法		NB/T 42132—2017
114		锌溴液流电池 电极、隔膜、电解液测试方法		NB/T 42146—2018
115		锌镍液流电池 电极组件测试方法		能源 20180300
116		锌镍液流电池 隔膜测试方法		能源 20180301
117		锌镍液流电池 电解液测试方法		能源 20180302
118		锌镍液流电池 电堆测试方法		能源 20180303
119		锌溴液流电池 电堆测试方法		能源 20190472
120		铁铬液流电池用电解液测试方法		能源 20200237
121		锌基液流电池系统 测试方法		能源 20200238
122		电化学储能用锂离子电池状态评价导则		能源 20200491
123		全钒液流电池用离子交换膜 通用技术条件和测试方法		能源 20200566
124		铁铬液流电池通用技术条件		能源 20210225
125	运行维护	电化学储能电站运行维护规程	国家标准	GB/T 40090—2021
126		电化学储能电站检修规程		20203859—T—524
127		电化学储能电站检修试验规程		20214754—T—524
128		全钒液流电池 维护要求	行业标准	NB/T 42144—2018
129		风光储联合发电站运行导则		NB/T 10625—2021
130		风光储联合发电站监控系统技术条件		NB/T 10630—2021
131		液流电池储能电站检修规程		能源 20210355
132		电力用氢储能电站运行维护规程		待计划
133		电力用氢储能电站检修规程		

编号	标准类别	标准名称	标准类型	标准号/计划号
134	安全应急	全钒液流电池 安全要求	国家标准	GB/T 34866—2017
135		电化学储能电站安全规程		20202618—T—524
136		电化学储能电站危险源辨识技术导则		20214483—T—524
137		电化学储能电站应急预案编制导则		20214746—T—524
138		电化学储能电站应急演练规程		20214751—T—524
139		电化学储能电站环境影响评价导则		20214753—T—524
140		电化学储能电站安全规范(强标)		待计划
141		全钒液流电池用电解液 回收要求	行业标准	能源 20180304
142		锌基液流电池 安全要求		能源 20200239
143		电力用氢储能电站安全工作规程		待计划
144		电化学储能电站施工安全规程		
145		储能系统用可逆模式燃料电池模块 安全要求		
146		电化学储能系统锂离子电池系统安全评价规程		
147		电化学储能电站事故风险分级管控标准		
148		电化学储能电站应急能力建设评估标准		
149		电化学储能电站安全验收规程		
150		电化学储能电站安全预评价导则		

第 三 章

"火电+储能"场景概述

随着可再生能源渗透率的提高,电网中的机组发电功率不再完全可控,但同时必须满足波动的负荷电力需求,这种供需动态波动给电网调度带来前所未有的挑战。集中式规模化的储能可以实现包括电压和频率控制、削峰填谷和应对新能源接入等多种功能,提高电网的灵活性和稳定性。集中式规模化储能在电网中的推广应用必须达到一定经济和技术指标,在性能指标或者经济性方面优于现有发电和运行设备。集中式规模化储能最有可能出现在以下五种电网应用中,即电网频率调节、可再生能源并网、延缓输配电建设和升级、负荷跟踪以及削峰填谷。根据其应用场景,应具备功率控制、黑启动、通信和保护功能。

第一节 储能接入方式

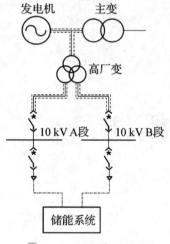

图3-1 厂用电母线接入

电厂侧储能系统接入方式选择的主要原则是：不能影响机组及电网正常运行，不能影响厂用辅助设备正常运行，不能影响厂用电切换灵活性。对于接入多段母线的储能装置，严禁通过储能系统形成高低压电磁环网运行。

电厂增加储能系统的接入方案主要有两种，即厂用电母线接入方案和发电机端封闭母线接入方案。

（1）方案一：厂用电母线接入方案

储能装置分成 2 个模块，每个模块采用两路电力电缆分别连接至电厂两台机组的 10 kV 厂用工作 A 段和 B 段，接入电厂用电系统（图 3-1）。两台机组的 10 kV 工作 A 段和 B 段各需 1 个 1 250 A 间隔用于接入储能装置。

（2）方案二：发电机端接入方案

储能系统升压后直接接入发电机机端（图3-2）。需解扣发电机机端封闭母线用于接入储能系统。

（3）接入系统方案对比

方案一中储能系统直接接入发电机组厂用母线，需核对高压厂用变压器裕量是否满足储能系统的充放电功率要求；需核对储能系统接入后原有厂用电系统设备短路耐受能力；需核对厂用电系统是否有可供储能系统接入的间隔。

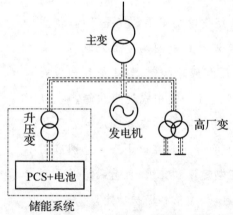

图3-2 发电机端接入

方案二中储能系统直接接入发电机机端主封母，需要解口机端封闭母线，机端增加了隐患故障点，可靠性降低；主封母改造周期长，可能需要机组长时间停运，同时工程造价昂贵，施工难度大；主厂房需要考虑储能升压变布置位置。

储能系统接入方案二造价高、改造时间长、施工困难，最严重的是给机端增加了故障点，若储能升压变故障将导致机组停运，可靠性低，在工程实例中可行性低；而接入方案一不改变原有机组接线方式，只需高压厂用变压器、高压厂用电系统设备满足储能系统接入要求，可充分利用原有设备，故可靠性高、造价较低、施工简单。推荐采用方案一接入。

第二节 储能控制技术

储能辅助调频系统的主控单元(图3-3),包含通信卡件、输入输出(IO)卡件、控制器、算法软件、监控管理平台等,安装在集控集装箱设备室内。主控单元与集散控制系统(Distributed Control System,DCS)间采用硬接线连接。

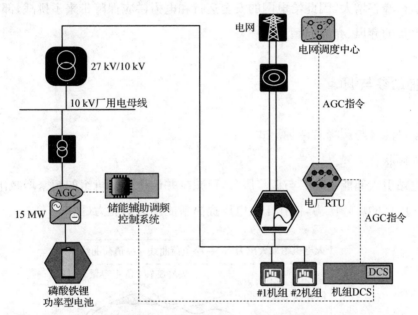

图3-3 储能辅助调频系统的主控单元

储能辅助调频系统的控制策略,简述如下:

电网调度发送AGC指令至电厂远程终端单元(Remote Terminal Unit,RTU),发电机组DCS接收RTU转发的AGC指令后,仍按常规流程响应AGC指令,同时将AGC指令转发储能主控单元;储能系统主控单元根据接收到的AGC指令和机组出力等运行数据,经过算法,算出AGC指令和机组出力功率差,确定储能系统出力指令,并下发至储能系统本地控制器,各本地控制器将功率指令均分各储能子单元。

在储能辅助火电机组参与AGC调频运行方式下,以火电机组与储能辅助调频系统作为一个整体响应电网AGC调度指令,火电机组与储能系统出力和作为出力反馈信号,上传至电网调度侧。储能系统可根据接收信号对储能系统进行功率限制;同时可以实现分别统计机组和储能系统调频贡献的功能,具备调频性能K1、K2、K3,调频里程D的统计功能。

第三节 储能应用场景

目前电网的调峰形势为在负荷尖峰时段有足够的旋转备用空间,但在负荷低谷时期,机组的向下调节灵活性严重不足,从而导致大量弃风、弃光。风电、光伏出力的不确定性导致电网备用需求增加,风电出力的反调峰特性以及光伏出力与高峰负荷的不匹配性导致电网净负荷峰谷增大,因此给电网的安全运行和电力供应保障带来了挑战,部分地区出现了较为严重的弃风、弃光问题。

一、辅助参与调峰

电化学储能参与调峰有两种形式:

(1) 火储联合调峰

在火电站引入储能系统参与调峰服务,可减少并优化火电机组的频繁增减出力,从而有效缓解火电厂的调峰压力,依托于火电厂提高新能源消纳能力(图3-4)。

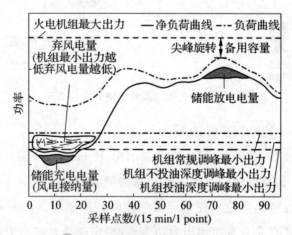

图3-4 储能辅助参与调峰原理

(2) 独立储能

独立储能指"独立式储能电站",区别于新能源或者火电厂联合设立的形式,独立储能电站的"独立性"体现在具备独立计量、控制等技术条件,可以以独立主体身份直接与电力调度机构签订并网调度协议,且不受位置限制,作为独立主体参与电力市场。

二、辅助参与调频

当电力系统发电出力与系统负荷不平衡时,频率将随之发生变化,当局部区域电力系统频率出现持续波动时,就可能会影响电网稳定。新能源发电具有波动性、不确定性,且对电网不表现出惯性,大规模接入后显著加剧电网调频压力,尤其是当电网发生冲击性负荷扰动时,传统电源的调频容量及响应速度将难以满足调频需求。

传统的电网调频主要包含一次调频和二次调频。

一次调频:新能源机组不具备惯性,无法进行一次调频。一次调频为通过发电机组调节系统的自身频率修正电网频率的波动。新能源机组通常采用电力电子变换器并网,不具备惯性和阻尼,因此缺乏一种与配电网有效的"同步"机制。

二次调频:指发电机组的调频器,对于变动幅度较大($0.5\%\sim1.5\%$)、变动周期较长($10\text{ s}\sim30\text{ min}$)的频率偏差所做的调整。实现方法之一为采用自动控制系统(AGC),将发电设备向用户供电的频率调整到一定范围内($50\text{ Hz}\pm0.2\text{ Hz}$)。

因火电机组调节误差大、抽水蓄能受地势限制,当前主流方法为火储联合调频、独立储能等。

火储联合调频是一种新型的电力调节技术,它是通过火电厂的燃烧控制系统和储能系统的联合调节,实现电力系统的平衡调节。这种技术的出现,为电力系统的稳定运行提供了新的解决方案。储能系统的响应时间仅为两秒,其应用于联合调频,对火电企业的调频性能拉升明显。

第 四 章

"新能源＋储能"场景概述

本章将介绍在新型电力系统背景下，新能源配置储能的重要意义、发展现状和面临问题。

第一节　新能源配储的重要意义

截止 2022 年底,风电、光伏发电装机规模达 7.6 亿千瓦,占总装机的 30％;风电、光伏发电量 1.2 万亿千瓦·时,占总发电量的 14％,分别较 2021 年与 2015 年提升 13％与 10％。

随着风电、光伏占比不断提升,高比例可再生能源和高比例电力电子设备的"双高"特性日益凸显,新型电力系统面临电力电量平衡难、资源高效利用难、安全稳定运行难的三大难题(图 4-1、图 4-2)。一是以风电、光伏为代表的可再生能源出力具有随机性、间歇性、波动性,导致系统平衡问题突出。二是局部地区、局部时段弃风弃光问题仍然突出,制约能源高效利用。三是大量电力电子设备接入,对以同步机为主体的传统电网产生影响,系统低惯量、低阻尼、弱电压支撑特征明显。

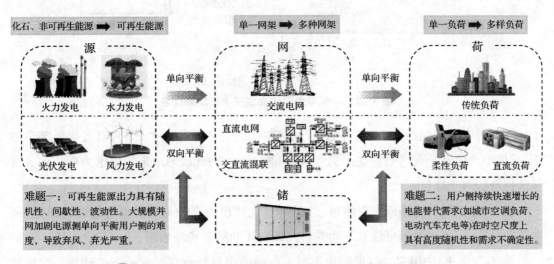

图 4-1　新型电力系统面临电力电量平衡难、资源高效利用难

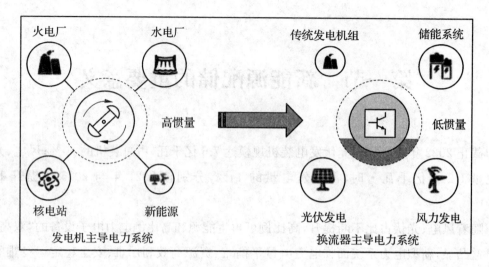

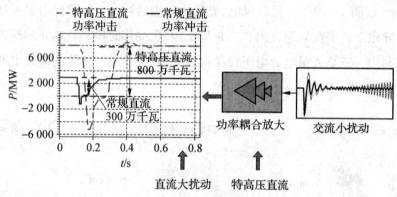

图 4-2 新型电力系统面临安全稳定运行难

　　储能具有将电能的生产和消费从时间和空间上分隔开的能力,同时具备优质调节性能,其核心价值在于为电力系统提供灵活性和确定性,因此成为未来新型电力系统的关键灵活性资源和支撑技术之一。

　　面向新能源场站,储能不仅能够缓解风电、光伏出力高峰与负荷高峰错配的难题,还能缓解风电、光伏出力随机性和波动性带来的电压和频率稳定难题。

　　2020 年以来,中国多个省份密集发布了鼓励或强制新能源配置储能的政策。储能技术成为新能源规模化发展的重要配套基础设施。

　　2023 年 6 月,《新型电力系统发展蓝皮书》正式发布,提出要推动系统友好型"新能源+储能"电站建设,提升新能源主动支撑能力,逐步具备与常规电源相近的涉网性能。

第二节 新能源配储的应用现状

根据国家能源局统计,截至 2022 年底,全国已投运新型储能项目装机规模达 8.7 GW/18.3 GW·h,比 2021 年底增长 110％以上。其中,新能源配储累计投运总能量 5.5 GW·h,主要分布在山东、内蒙古、西藏、新疆、青海等新能源装机较高的省份。图 4-3 为电源侧储能近 5 年逐年累计装机规模。

图 4-3 电源侧储能近 5 年逐年累计装机规模

中国电力企业联合会发布《2022 年度电化学储能电站行业统计数据》,显示各个应用场景下电化学实际运行情况,如表 4-1 所示。

表 4-1 2022 年度电化学储能实际运行情况

	新能源配储	独立储能	用户侧储能
平均运行系数①	0.06	0.13	0.32
平均利用系数②	0.03	0.07	0.19
平均备用系数③	0.92	0.82	0.66
平均日利用指数④	17％	30％	37％

根据数据显示,新能源配储平均年运行 525 小时、年利用 283 小时、年备用 8 093 小时、日均等效利用 0.22 次。整体来看,新能源配储实际运行情况远不如独立储能和用户侧储能。

---

① 运行系数＝运行小时数/总小时数。
② 利用系数＝实际传输电量折合成额定功率时的运行小时数/总小时数。
③ 备用系数＝(总小时数－计划停运小时数－非计划停运小时数－运行小时数)/总小时数。
④ 日利用指数＝充放电量之和/(额定能量×设计日充放电次数×总天数),表征实际运行与设计运行策略的接近程度。

第三节　新能源配储面临的问题

传统"新能源＋储能"模式多采用磷酸铁锂电池的电化学储能,以集中形式接入场站 35 kV 或以上。

首先,安全问题成为储能规模发展的首要障碍。锂离子电池火灾爆炸事故,主要是电池单体发生内短路后使得电池热失控[①]起火燃烧,进一步热失控扩展到相邻电池,从而形成大规模火灾。安全性是储能产业发展的先决条件,除了保证储能系统"本质安全[②]"外,必须重视"主动安全"。具体储能安全事故案例、诱因、演化过程、经验总结等将在第五章介绍。

其次,经济性问题也是储能项目绕不开的话题。集中式储能电站除了储能设备费用以外,升压变电站、输电线路等配套设施投资成本昂贵。同时,集中式储能占地面积较大,而新能源场站尤其是存量电站,通常没有多余土地,征地成本较高。虽然储能电池成本不断下降,但是配套设施和征地费用导致储能项目总投资成本居高不下。

最后,新能源配储应用场景正面临利用率困境。如表 4-1 所示,2022 年内,全国范围内已投运的新能源配储项目平均利用系数仅 0.03,实际运行情况远差于独立储能和用户侧储能。利用率低,等同于新能源配储收入低,成本难以回收。

总而言之,新能源场站配置集中式储能电站,从安全性来看,电池聚集增加消防风险;从经济性来看,征地难且配套建设成本贵;从利用率来看,新能源配储应用效果不佳。

由于储能总投资成本昂贵、盈利模式匮乏、整体利用率低,强行配置储能将恶化新能源项目经济性,造成资源浪费,如图 4-4 所示。

---

① 热失控:电池单体内部放热反应引起不可控温升的现象。
② 本质安全:通过设计等手段使生产设备或生产系统本身具有安全性。

安全性问题

经济性问题

利用率问题

根据中关村储能产业技术联盟不完全统计，近十年全球储能安全事故发生60余起。

集中式储能除了储能设备费用以外，升压变电站、输电线路等配套设施成本昂贵。同时，占地面积较大，而新能源场站通常没有多余土地。

中电联发布《新能源配储能运行情况调研报告》：全国新能源配储能2022年平均利用率仅6.1%。

图 4-4 新能源配储面临问题

第 五 章

电化学储能在火力发电厂中的应用

在电力生产运营层面,电网以大型燃煤火电机组做为主要调频资源,而储能的 AGC 调频效果远好于火电机组,引入相对少量的储能系统,将能够迅速、有效解决区域电网调频资源不足的问题。

第一节　火力发电厂电化学储能系统概述

一、系统介绍

近年来，随着风力发电以及光伏发电等新能源发电方式不断并网，对于原有的电网系统稳定性造成了一定的威胁和影响，主要体现在系统的调峰和调频这两个方面。在冬季风电大规模供电时期，常规火电机组处于工业供热或者供暖供热，电网的调频能力逐渐下降，风电弃风现象严重，并且对于风力的耗损等都比较严重。随着电网中风电装机容量不断增加，如不能满足电网对 AGC 调频辅助服务的需求，将对风电等新能源的开发利用形成严重制约。

快速调频（二次调频）资源主要以联合循环电厂、抽蓄电厂和水电为主，快速调节资源稀缺，调频的形势相对比较紧张。华东某区域电源结构还是以大型火电燃煤机组为主，调频电源依靠火电机组，实时功率调节任务繁重。火电机组长期承担繁重的调节任务，会造成发电机组设备磨损严重、超净排放目标难以实现等一系列负面影响，严重考验电力系统的可靠运行。

由于储能系统的调频效果远好于任何常规发电（包括煤电和联合循环）技术，引入相对少量的储能系统，就能够迅速有效提高区域电网对新能源接入的应对能力。因此，如何应用储能来改善常规发电厂的调频性能是应用的关键。

基于常规火电厂的调频性能提升有急切的市场需求，为了提高电网运行安全性，各区域电网监管机构相继出台了《并网发电厂运行管理实施细则》和《并网发电厂辅助服务管理实施细则》（简称"两个细则"）来规范发电机组的调频响应性能。2019 年 12 月《华东区域发电厂并网运行管理实施细则》《华东区域并网发电厂辅助服务管理实施细则》相继印发。

综上所述，从调频需求、市场环境和鼓励政策等方面的分析，所有发电机组均积极主动参与补偿调频辅助服务，配置电池储能系统协助 AGC 联合调频是所有发电机组的必然趋势。

以某华东电网统调百万火电机组为例，项目在发电机组侧安装建设基于磷酸铁锂电池技术的功率型储能系统，采用一拖二方式，该系统联合发电机组开展电网 AGC 调频业务,系统调频时最大可按储能选型功率输出。

项目采用磷酸铁锂电池储能系统、储能双向变流器 PCS 实现锂电池和厂用电源之间的直流系统和交流系统的能量双向流动。储能 PCS 根据 AGC 指令将厂用交流电转换为直流电充入锂电池堆内,储能 PCS 在接收到充电停止命令或达到锂电池充电截止电压时,充电过程结束。AGC 控制系统或后台调度系统向储能系统下达放电指令时,储能系统内的储能双向变流器 PCS 切换为放电模式,储能 PCS 将电池堆内直流电转换为三相交流电输出至厂用电,储能 PCS 在接收到放电停止命令或达到锂电池放电截止电压时,放电过程结束。

在该项目中,PCS 系统运行工况不是四象限运行,而是有功功率的充电、放电两象限运行,功率因数近似为 1,不参与无功/电压调节。

储能辅助调频系统在机组正常运行时投入工作,不考虑机组厂用电源由起备变提供电源的工况。

项目投运后,提升发电机组综合调频性能指标 K 值,提升发电机组 AGC 调频水平,使其成为电网最优质的调频电源之一,避免 AGC 考核罚款并获得补偿经济收益。同时降低机组调频响应的小功率振荡频率,减少原机组主辅机设备的磨损,提高机组的运行稳定性和安全性。

二、系统的特点

电池储能系统(Battery Energy Storage System,BESS)是将储能电池、功率变换装置、本地控制器、配电系统、温度与消防安全系统等相关设备按照一定的应用需求而集成构建的较复杂综合电力单元。其基本特点包括:

(1) BESS 内部设备间各自分工明确又相互关联,在安全、高效、长寿命的前提下,共同实现 BESS 并网点或输出端口的能量、功率以及电压控制。

(2) BESS 中储能电池的安全性与寿命,很大程度地决定了整个系统的安全性和寿命,且其对工作环境有着严苛的技术要求,是进行系统内部设计时所必须关注的重点环节。

(3) BESS 中的功率变换装置是整个储能系统对外进行电力交换的关键节点,其性能直接体现了 BESS 的工作模式、控制精度、响应速度、并网友好性等,也影响着客户在短时间内对储能系统最直观的使用感受。

(4) 储能电池、功率变换装置以及空调、消防等设备,均各自配置有独立的控制器,以实现自我运行、告警或保护,而系统功能的实现、设备间的联动与协同、启停与故障保护操作、对外通信与有效信息传递等,则由本地控制器完成,以使得储能系统能够作为一个整体参与电网调度或实现项目应用目标。

(5) 储能系统,作为对外统一、对内自治的电力执行单元,接受上层能量管理系统调度,执行功率或模式控制指令,应具备丰富的对外通信接口和灵活、多样化的工作模式,通过能量按需搬移、功率快速爬升、电压稳定控制等功能改善发电、电网、负荷等应用场景的整体运行效果,并以此体现自身价值。

(6) 控制与管理是储能系统发挥价值的关键,而这在很大程度上取决于系统集成商对应用领域原有系统、控制或发展方向的理解;从这一角度出发,将储能系统视为原有电力系统的"能量补丁"或"柔性升级"不无道理。

受限于电池本体容量及电力电子功率变换装置的发展水平,BESS一直在安全高效与高能量密度、多样化复杂功能间存在矛盾。特别是随着在新能源发电侧、电网侧的大规模应用,储能系统的整体容量与电压等级不断提高,通信架构愈发庞大、电磁环境更加复杂,这些都对储能系统及其集成技术提出了严峻的挑战。

(1) 如何全面掌握相关行业应用背景理论与技术,配置有效合理的储能系统容量与功率;如何采用针对性控制方案,在实现与原有系统无缝衔接的同时,达成项目整体应用目标。

(2) 如何依据项目应用技术特点,提出储能系统具体的技术参数、功能需求和性能指标,并相应选择储能系统内部关键设备,如PCS、电池等。

(3) 如何在储能系统容量不断增加、电压等级逐渐提高的情况下,进行储能系统电气设计,确保储能系统内部设备电气安全、分级保护及并网友好性。

(4) 如何围绕电池寿命与安全,进行储能系统内部环境控制设备及安全消防设备的选型、参数计算、安装布局,以在尽量减少占地面积的前提下,满足大容量高能量密度电池均温散热要求。

(5) 如何协同管理储能系统内部多样化设备,以充分发挥各设备功能与性能,并确保储能系统整体性能的优化,避免由于不合理的集成方式导致的整体性能弱化;如何在故障状态下实现协同保护,确保不出现单个设备故障导致的故障扩大化或蔓延,特别关注电气设备与电池设备间的联动与隔离,避免电弧、局部热量积累、电气元器件损坏或炸裂导致的电池安全等问题。

(6) 如何构建适用不同应用场景的储能系统对内、对外通信架构与数据模型,实现内部设备间标准化通信接入与数据交换,实现储能系统整体对上层管理系统的指令接收与信息传递,实现快速控制指令与可能存在的大量内部数据,如电芯数据的解耦通信,避免控制延迟或干扰。

(7) 如何通过单元化储能系统并联的方式,构建更大规模的储能项目或电站;如何通过站级管理与控制,消除储能系统间个体性能离散化差异,避免在快速调度与暂态转换过程中各储能系统间的交叉耦合与相互干扰,确保整体电站内部的稳定运行、与电网间的受控能量流动、与上层控制系统间的快速信息交互与指令执行。

(8)如何基于现有的电气、消防、BESS 等工程安装规范,完成储能系统内部设备的集成安装与调试,尽量减少现场操作或对电池组的频繁移动,避免不适宜的安装平台、接地方式,导致储能系统防护等级的降低或带来的不稳定性因素。

(9)如何将人工智能、区块链等先进技术应用于储能系统,以提高储能系统的智能管理、寿命预测、故障早期预警或诊断等能力,切实改善用户对储能系统当前和未来的性能把握与运行预期,也为智能电网、虚拟电厂等先进系统调度与能量管理技术的实现提供关键的硬件基础与执行手段。

正是由于储能系统自身构成的复杂性、外部应用的专业性以及对设备安全的高要求,储能系统集成技术成为底层设备(电池、PCS 等)与应用领域相结合的具体实现手段和必要技术桥梁。

第二节　火力发电厂电化学储能系统原理

一、系统结构

电化学储能系统的主要设备包括电池、储能变流器（PCS）、本地控制器、配电单元、预制舱及其他温度、消防等辅助设备，并在本地控制器的统一管理下，独立或接受外部能量管理系统（EMS）指令以完成能量调度与功率控制，实现安全、高效运行。

BESS架构如图5-1所示：

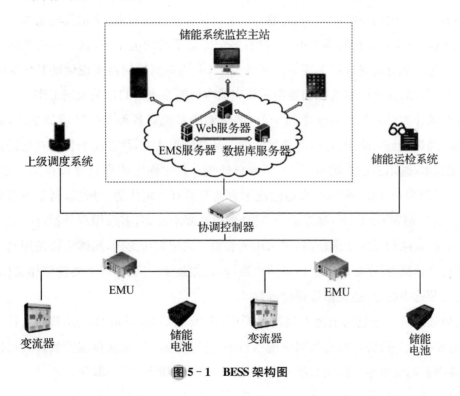

图5-1　BESS架构图

电池是利用化学反应进行能量存储的装置，其通过电池内活性物质间的氧化/还原反应，实现化学能与电能间的转换，并以电压/电流的形式向外部电路输出电力。与不可充电的一次电池相比，储能领域使用的二次电池可多次循环充放电使用，主要包括铅酸电池、锂电池、钒电池、钠硫电池等。电池充放电过程本质上是电化学反应过程，所以往往伴随着发热、结晶、析气等现象,影响了电池组的寿命、效率和安全性。此外,为了扩大储能系统的容量规模和电压等级,BESS 的电池包含若干并联或串联的电池单元,即电芯。从安全性考虑,特别对于锂电池而言,由于其在严重过充电状态或高温等极端情况下存在爆炸风险,所以电池管理系统(Battery Management Systems,BMS)也成为 BESS 的非常重要的设备。BMS 对电芯及电池簇进行有效的监控、保护、能量均衡和故障警报,提高了整个储能电池的工作效率和使用寿命。

PCS 是电池与电网或用电负荷间的功率转换与电气接口。尽管随着电力电子装置的不断发展与应用,PCS 成本不断降低,但是它却决定了整个储能系统的输出电能质量与功率特性,也在很大程度上与 BMS 相配合,影响着电池的使用寿命与安全性。

本地控制器通过通信、传感器检测、节点检测的方式,实现对整个储能系统状态的感知、逻辑的控制、主要设备与辅助设备的运行协调及故障的处理,以提高 BESS 的工作效率和可利用率。本地控制器的功能比较灵活,其范围也可能随项目的情况而扩展,如在简单而小型化的微电网系统中,本地控制器还会延伸控制光伏设备、柴油发电机组及交流配电开关等设备;又比如在较为大型的、含有多个储能系统的电站中,就有可能是多个本地控制器通过级联方式完成较为复杂的任务分工,上层本地控制器实现储能系统间的启停协调、功率分配,而下层本地控制器则主要完成本储能系统内的相关控制工作。

预制舱作为储能系统的载体和平台,确保储能系统对各种复杂环境的适应,具有防水、保暖、隔热、阻燃、防振、电磁屏蔽等功能。从结构形式上,往往视项目所在地的自然条件、人工成本,选用固定式建筑、集装箱或户外柜。其中固定式建筑建设周期长,成本较高;而集装箱和户外柜,在制造和运输成本方面都具有一定优势。所以,目前大多数项目中,中小型(1 MW·h 以下)储能系统,对外形美观要求较高,多采用户外柜;而大型系统,对防护等级及结构强度要求较高,多采用集装箱。以集装箱为例,箱体需要按照动静态载受力分析设计强度,必要时可进行箱体改造,增设加强梁。同时,还需要按照相关标准,在箱体上安装逃生标志、逃生锁等辅助部件。

其他辅助设备还包括电池汇流及保护柜(Battery Collection Panel,BCP)、控制配电柜、本地监控柜等设备。在有些微电网项目中,还可能会在交流接口端安装开关切换柜等设备,并将它们交由本地控制器统一管理,进而也成为 BESS 的一部分。

二、设备参数

一套完整的 BESS,需要关注的设备参数主要包括两个方面,一个与能量的存储能力及有效利用有关,即与容量有关;另一个则与能量的补充或释放能力有关,即与功率有关。

而两者之间的关系往往被用来区分该储能系统为能量型还是功率型。

1. 系统容量

系统容量体现的是储能系统理论最大可存储的能量容量，一般单位为千瓦·时（kW·h）或兆瓦·时（MW·h）。这是储能系统最重要的一个参数指标，但是，其真正可用容量却又受到电池充放电深度（Depth of Discharge，DOD）和系统效率的影响。

BESS 系统容量强调的是可以输出或被利用的能量的大小，这一点和电池容量的定义有所区别。电池容量一般指在一定条件下（放电率、温度、终止电压等）电池能够放出的电荷量，以安·时（A·h）为单位，表示的是电流与时间的积分。

2. 系统最大功率

系统最大功率体现的是储能系统最大充放电能力，一般单位为千瓦（kW）或兆瓦（MW）。该性能指标决定于电池内部、直流传输回路、PCS 及交流接入的整个主电路设计，甚至通过最大功率运行下的损耗（该损耗将主要转化为热能）影响温控系统和其他辅助设备的设计。同样容量的储能系统，由于最大功率的不同，而在功能上产生显著差异；即使是同一个储能系统，由于运行功率的不同，其效率也会产生二次方倍的差异。

当功率参数相对容量参数较大时，如 1 MW/500 kW·h，将被称为功率型储能系统；反之，如 500 kW/1 MW·h，则被称为能量型储能系统。所以有时，也会引入时间的概念，如前者可被标记为 1 MW/0.5 h，而后者可被标记为 500 kW/2 h。

3. 能量损失与效率

储能系统的效率反映系统在充放电过程中的能量损失，可理解为系统放出能量与充入能量的比值，也称为循环效率。这一损失，不仅仅与储能电池的技术类型有关，也决定于 PCS 等电气环节。狭义的系统效率，将主要表现充放电过程中主电路上的损耗，从电池、直流母线、PCS 到变压器。但是，事实上在工程应用中，温控系统等辅助设备的功率消耗也经常会被折算入总的损耗中，对效率产生影响。

此外，电池静置过程中也会产生能量损失，铅酸电池能量损失一般为 1%/月～3%/月，而锂电池则小于 1%/月。

4. 循环次数

电池的循环次数，即电池的寿命。整个储能系统中，由于电池的高价值，其寿命决定了整个储能系统的寿命。循环次数的衰减，会使得电池内阻增加，损耗和发热量也随之上升，将进一步加剧循环次数的衰减过程。此外，频繁的过充和过放，将导致电池中金属物质在电解液中的溶解、沉积的往复，也将对电池循环次数和安全性产生显著影响。

5. 成本

储能系统的成本与系统的容量、功率、现场工作环境紧密相关。一般来说,能量型储能系统中,电池的成本比重相对较高;而功率型储能系统中,电池的成本比重却相对较低。但无论如何,在当前情况下,电池组的成本总是占据整个 BESS 成本的主要部分,且在未来也是系统成本下降的主要选择。

成本的单位可以采用元/(kW·h)或元/kW,但是均不能完全准确表达其含义,因此在具体项目的讨论过程中对容量和功率的同时约定非常必要。

6. 响应时间

对于 BESS 而言,功率本身的转换和响应时间均在毫秒级,这对于电力系统应用而言已经足够。这也是 BESS 相较于飞轮储能、抽水蓄能等其他物理储能方式优越的地方。可由于受到电压、安装方式及电芯容量的限制,单个 BESS 的功率及容量均较为有限,这样一来在大型储能电站中,如某个由数十组常规低压 5 MW/2 h 储能系统并联组建的大型储能电站,其响应时间的瓶颈将主要受限于通信方式和调度机制,也将会受到并联设备间功率协同、环流抑制等功能的影响,最终的站级响应时间可能会在百毫秒或秒量级。当然,单体 5 MW/2 h 的 BESS 只是假设,其过多的电池并联本身就存在较大的安全隐患。这一问题的解决,需要群控方式的改变,也需要高压直挂等新的储能系统技术的突破和应用。

7. 其他特性

在其他一些应用场景或经济性分析中,也会用到比能量(能量与质量之比,W·h/kg)、比功率(功率与质量之比,kW/kg)、单位容量占地面积(能量与占地面积之比,W·h/m^2)等概念,这在核算项目运输成本、占地空间等方面也具有参考意义。

三、控制策略

以并网运行 BESS 为例,本地控制将主要完成系统自检、设备启动、PCS 功率调度、告警运行及故障保护等功能。整个 BESS 的工作过程分为 7 个主要状态,分别是全黑、上电、待机、启动、运行、故障与告警、停机。

全黑阶段:BESS 内部设备均处于停机状态,且控制电源、主电源未接通。

上电阶段:BESS 借助外部电源或内部 UPS 实现全黑启动,本地控制器将协同内部各主要设备控制器完成系统自检,并等待主电源动力线路上电。特别是空调与加热系统,应在主电源上电情况下,启动制冷或加热程序,为电池营造适宜的工作环境温度。待环境温度满足条件后,本地控制器将系统转入待机状态,等待 EMS 或上位机启动指令。需要注意的是,当采用 UPS 供电方式时,操作人员应及时接通主电源动力线路,避免 UPS 长期放电而亏电,或者及时采用控制电源外接端口为 UPS 补充电力。

待机阶段:BESS 内部环境温度适宜,BESS 等待外部启动指令,并实时检测电网电压、内部环境及各设备工作状况。

启动阶段:本地控制器接收到外部启动指令,依次完成电池电压输出、直流回路电压建立及检测、PCS 运行模式设置、PCS 启动运行等过程;如果并网变压器具备软启动电路,还需完成变压器软启动投入控制等过程;上报 EMS 启动过程中的状态与信息。

运行阶段:本地控制器依据 BESS 工作模式,实现指令下发、运行环境和状态监测、本地数据采集和记录、数据上传、人机交互等功能。在这一阶段,本地控制器将实时依据电池工作状况、环境温度及时干预 PCS 输出功率,当 BESS 内部包含多组 PCS 并联时,还需要进行合理的功率指令或电流指令修正。

故障与告警阶段:本地控制器将 BESS 内部故障状态按照严重程度划分成告警、故障Ⅰ、故障Ⅱ三个等级。对诸如单个电池簇故障停机、PCS 温度过高、直流侧 SPD 偶发告警或者某只消防传感器告警等信息,本地控制器将在系统不停机情况下,采取告警模式,及时通知现场运维人员进行故障排除,或自动降低运行功率,以等待故障在一定时间内自行消失;告警状态可设置时长期限,在时长超限情况下,可转入故障Ⅰ;对于电池簇大范围故障停机、PCS 温度严重超限、电池直流侧长期绝缘故障及温控系统故障等信息,本地控制器将采取相应的保护动作,实现 PCS 功率逐渐降至停机状态、PCS 交/直流侧断开、各电池组在零电流下断开输出开关盒、温控系统及辅助系统继续维持运行,待故障排除后,进入停机Ⅱ;对于火灾等严重故障,即故障Ⅱ,本地控制器将实现内部设备快速停机、快速切断主电源动力线路,但在可能的条件下,应维持一段时间的对外通信,及时传递内部温度、压力等信息,最终系统进入全黑状态。

停机阶段:BESS 接收停机指令,调度系统进入停机状态。停机状态可分为停机Ⅰ与停机Ⅱ两种模式。停机Ⅰ,仅 PCS 停止交流侧并网输出,但蓄电池组与 PCS 直流侧保持连通,待 EMS 再次下发启动指令时,系统可在很短时间内完成运行输出;停机Ⅱ,PCS 和电池组均停机工作,交/直流侧全部断开。在停机状态下,温控消防及其他辅助系统继续维持运行。

对于较大型的 BESS,可能由一个本地控制器管理 n 组储能子系统,即一个 BESS 由 n 个在直流侧电气环节完全独立的 PCS 和电池组成。在这种情况下,本地控制器一方面应确保总的输出功率满足 EMS 需求;另一方面在 PCS 间应依据电池组 SOC 的具体状态进行功率分配。

本地控制器的功能与控制过程依据 BESS 的底层设备架构、应用场景而具体设计。如在有些 BESS 中,电池输出采用 DC/DC 方式,本地控制在维持直流母线电压稳定的同时需要实现各电池组的均衡;在有些大型储能电站中,可能由多个 BESS 通过本地控制器来构建一个更大的 BESS;在有些 BESS 设计中,基于成本考虑,会将负荷开关柜与区域并网开关纳入本地控制器的管理范畴,此时本地控制器就不得不部分承担能量管理的功能;而在多模式切换的 BESS 中,本地控制器则需要协同 PCS 完成瞬时的模式切换与长周期的控制目标变更。在当前情况下,本地控制器的应用直接体现了储能系统集成商对客户需求的理解水平、对底层设备的掌握与应用熟练程度,也成为系统集成商基于现有底层设备及其功能,构建储能系统以满足客户需求的主要技术手段,具有很大的项目非标性。

基于本地控制器的 BESS 内部管理,在简化了 EMS 调度控制功能的同时,提高了储能系统的集成化水平,实现了储能系统实时的自我管理、自我保护与自我诊断,也为储能系统进一步的智能化发展提供了技术基础。特别是随着储能应用场景与规模的不断扩展,以本地控制器为中心构建的通信控制架构,使得储能系统在应用层面能够快速、灵活地响应项目需求,而在设备与硬件层面,进一步提高了底层设备的功能标准化与通信操作规范化,对整个产业链的发展都具有深远的意义与影响。

第三节　火力发电厂电化学储能应用案例和实现技术

一、项目整体方案

1. 电气设备布置

（1）储能系统的组成

某火电辅助调频项目 18 MW/9 MW·h 储能系统由 6 个 3 MW/1.5 MW·h 电池储能单元（40 尺）、6 个 PCS 集装箱（20 尺）系统组成，均采用集装箱形式。另外，还配置 1 个集控集装箱（40 尺）、1 个高压环网柜集装箱、1 个低压配电集装箱（箱变集装箱）、1 个备品备件集装箱。

（2）总平面布置

该项目储能系统 16 个集装箱按单层方式布置，如图 5-2 所示。整个储能系统布置在主厂房附近的空旷场地，集装箱间距 2.5 m，集装箱到外部安全栅栏间距为 4 m，场地中间设

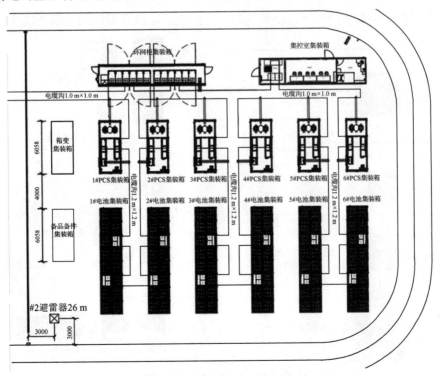

图 5-2　储能装置平面布置图

置巡视通道,宽度为 4 m,占地面积约为 36 m×42 m＝1 512 m²(不含场地周围环形消防通道)。

（3）接入厂用电系统配电装置布置

储能系统以 10 kV 的电压等级接入厂用电系统,利用原有的 10 kV 工作段的备用开关柜。接入储能系统后需对原开关柜进行改造。

2. 电气二次

（1）辅助用电

储能系统 380 V 辅助用电主要包括温控、照明、消防、控制用电等,3 MW 储能单元每组电池集装箱自用电约为 40 kW,每个高压环网箱自用电约为 7 kW,控制集装箱自用电约为 6 kW,户外场地照明用电约 5 kW。18 MW/9 MW·h 储能系统 380 V 辅助用电总功率约为 425 kW。考虑安全余量和预留的备用容量,储能系统 380 V 辅助用电总功率按 450 kW 计。

储能侧辅助供电系统的两路电源分别取自两台机组有富余容量的 380 V/220 V PC 段母线,以保证用电的稳定可靠。本工程储能侧辅助供电系统电源分别引自 1 号和 2 机 380 V/220 V 汽机 PC A 段。经计算,汽机变的剩余容量完全能满足储能侧辅助供电系统的接入要求。

（2）监控系统

储能辅助调频系统的主控单元(图 5-3),包含通信卡件、IO 卡件、控制器、算法软件、监控管理平台等,安装在集控集装箱设备室内。主控单元与 DCS 系统间采用硬接线连接。

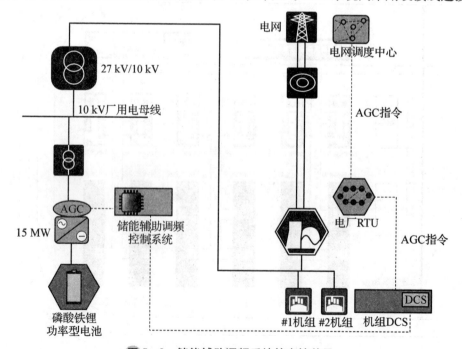

图 5-3 储能辅助调频系统的主控单元

储能辅助调频系统的控制策略,简述如下:

电网调度发送 AGC 指令至电厂 RTU,发电机组 DCS 接收 RTU 转发的 AGC 指令后,仍按常规流程响应 AGC 指令,同时将 AGC 指令转发储能主控单元;储能系统主控单元根据接收到的 AGC 指令和机组出力等运行数据,经过算法算出 AGC 指令和机组出力功率差,确定储能系统出力指令,并下发至储能系统本地控制器,各本地控制器将功率指令均分至各储能子单元。

在储能辅助火电机组参与 AGC 调频运行方式下,以火电机组与储能辅助调频系统作为一个整体响应电网 AGC 调度指令,火电机组与储能系统出力和作为出力反馈信号,上传至电网调度侧。

储能系统可根据接收信号对储能系统进行功率限制。同时可以实现分别统计机组和储能系统调频贡献的功能,具备调频性能 K1、K2、K3,调频里程 D 的统计功能。

(3)保护配置

① 机组高压厂用电源馈线回路保护配置

储能辅助 AGC 调频系统接入高压厂用电母线,由于 10 kV 断路器下配置了储能辅助调频系统的升压变压器,因此 10 kV 高压厂用电源开关柜配置变压器保护装置,主要包括以下配置:差动保护、过流保护、高压侧负序过流保护、高压侧接地保护、低压侧接地保护、过负荷保护和干式变压器非电量保护。

如储能辅助调频系统无升压变压器,则 10 kV 高压厂用电源开关柜配置馈线保护装置,主要包括以下配置:差动保护、过流保护、接地保护。

② 储能辅助调频系统保护配置 PCS 保护

防孤岛保护、交流过流保护、交流过压保护、交流欠压保护、交流过频保护、交流欠频保护、自动识别相序保护、过载保护、直流过流保护、直流过压保护、直流欠压保护、直流极性反接保护、内部短路保护、过温保护、绝缘保护、开关状态异常保护、降额保护、功率模块(IGBT)保护。

电池 BMS 系统有一整套严谨的监测与保护方案:

位于最底层的电池模组管理单元(BLMU)会实时采集下辖单体电池的单体电压、温度,并会实时自检自身电压采集电路与均衡电路是否正常,将以上的采集信息与自检状态打包通过 CAN 线上报给上级管理设备——电池簇管理单元(BCMU);而同样位于底层的高压控制单元(HVCU)会实时采集整串电池的母线总电压、母线总电流,计算绝缘电阻,采集支路漏电流,将以上信息打包通过 CAN 线上报给上级管理设备 BCMU。

BCMU 收集到 CAN 线上传来的 BLMU 和 HVCU 数据后,会首先进行汇总,将单体电压、单体温度、总电压、总电流、绝缘阻值等信息分类通过网口上报给更上层的电池簇管理系统(BAMS)。BCMU 会进行安全巡检,将这些数据分别与设定的阈值进行对比(阈值可由用户自由设定),如果有数据值超出了预设的阈值,BCMU 会置位相应的告警保护状态字,并自动进行跳闸隔离保护,将该告警保护状态字上报给上层 BAMS 进行仲裁,BAMS 根据故障的 BCMU 数据对正常的 BCMU 决定是否下发相应保护命令。

BAMS 从网口收集下辖所有 BCMU 上报的电池簇信息,并将所有的单体电压、温度、各簇总电流、各簇总压等信息分类梳理,通过网口上报给 EMS 和本地触摸屏。

(4) 二次设备改造

① 10 kV 开关柜及二次改造

储能系统以 10 kV 的电压等级接入厂用电系统,利用原有的备用开关柜。接入储能系统后需对原开关柜进行改造。

继电保护:10 kV 高压柜配置微机型线路综合保护测控装置,包括(但不仅限于)差动保护、过流保护、零序电流保护等。

计量部分:每台 10 kV 开关柜内配置电能表,作为储能系统用电结算依据。电量计量数据根据实际情况可采用定期人工抄表方式,或通过信号回路接入厂内计量系统。

② 厂侧 RTU 改造

储能系统接入后,厂内原有 RTU 设备在向机组发送 AGC 指令的同时,需要将机组出力与储能系统出力进行合并,并将合并后的出力信号上传调度,作为 ACE 考核依据。因此,RTU 软件和硬件需要升级改造,具体内容包括:

储能系统出力方向定义与发电机组相同,即向电网馈电时为正出力,从电网吸收电能时为负出力。将发电机机组出力信号和新加入储能装置的出力信号叠加后作为机组出力反馈信号(回传电网的遥测信号点名不变,不新加遥测回传点),参与 AGC 调度和 AGC 考核。

增加 RTU 的 IO 卡件,用于传输储能信息等数据。

(5) DCS 系统改造

① 10 kV 断路器在 DCS 系统的改造方案

每台 10 kV 断路器需要增加相应的信号至机组 DCS 系统,预计每台断路器 2 个 DO 信号、6 个 DI 信号、2 个 4 mA~20 mA 信号,上述信号通过硬接线接入机组 DCS 系统。

② 储能系统在 DCS 系统的改造方案

a. 在机组 DCS 增加对储能系统接入点的监测画面。

b. 增加 DCS 与储能系统主控单元的通信,进行信息、状态的交换。

c. 增加 DCS 与储能系统主控单元的 I/O 卡件,进行信息、状态的交换。

为实现储能系统既定功能,系统主控单元需要从机组 DCS 控制系统获得的数据至少应包括:AGC 调频指令(硬接线);发电机组出力反馈(硬接线);发电机组实际负荷指令(硬接线);发电机组 AGC 调频投入反馈(硬接线);发电机组一次调频动作标志(硬接线);

发电机组出力限幅(硬接线)。

根据要求,储能辅助调频系统只能从 DCS 装置取状态点或指令点,不向 DCS 发出指令;同时储能系统可根据《电力系统电厂侧储能(参与辅助调频)并网管理规范(试行)》要求通信上传储能系统运行状态信息,包括储能电池充电状态、储能电池放电状态、储能电池充电闭锁、储能电池放电闭锁、储能系统投退状态、储能电池可充功率、储能电池可放电量等。

机组 DCS 不改变其原有控制逻辑和控制架构,不对储能系统运行状态进行监测和控制。储能系统具有独立的控制系统,与机组原有控制逻辑不冲突,安全可靠。

(6) 电量计量

储能系统运行过程中产生的 10 kV 侧用电损耗通过接入点开关柜新增电量表计量,作为储能系统用电结算依据。电量计量数据根据实际情况可采用定期人工抄表方式,或通过信号回路接入厂内计量系统。

(7) 视频监控系统改造方案

储能集装箱内的视频监控系统需接入集控室视频监控中心内。

(8) GPS 对时系统改造方案

储能辅助调频系统的 GPS 信号需就近接入 GPS 对时系统。

(9) 厂侧同步相量测量装置(Phasor Measurement Unit,PMU)系统改造方案

储能系统接入后,新增一套储能系统相量测量采集装置,与厂内现有的 PMU 设备通过通信方式连接。

(10) 故障录波的改造

本工程需对 10 kV 段新增 4 台 10 kV 开关的电流信号进行录波,共增加电流录波信号 4 组。

(11) 涉网部分技术方案

① RTU 改造方案

电厂已配置了 RTU 设备,处于正常运行状态,安全、可靠。经与 RTU 厂家核实,现有设备可满足储能系统接入的信息上送的安全性要求。

储能系统接入后,现有的 RTU 设备在向机组发送 AGC 调频指令的同时,需要将机组出力与储能辅助调频系统出力进行合并,并将合并后的出力信号上传调度,作为调频考核依据。

对 RTU 的改造主要有:需将机组的出力信号和储能装置的出力信号叠加后作为机组出力反馈信号(回传电网的遥测信号点名不变,不新加遥测回传点);增加 RTU 的 IO 卡件,用于传输储能信息等数据。

② PMU 改造方案

储能辅助调频系统需上送中压箱变高压侧三相电压相量,中压箱变高压侧三相电流

相量,中压箱变高压侧有功功率,中压箱变高压侧无功功率,PCS 电压、PCS 电流等信号到相量测量系统。上述信号采用硬接线方式上传至相量采集系统。

③ AGC 改造方案

每台机组储能联合调频控制对象作为电厂侧一个独立控制的子系统,AGC 实时控制信息如下:

储能 AGC 投退状态;远方/本地;远方允许;发电机及储能联合有功出力 1;发电机及储能联合有功出力 2;发电机及储能联合有功目标出力,负荷容许;机组储能联合有功目标出力指令。

二、项目选型设计

1. 储能电池选型

锂系电池为兆瓦级储能调频应用的主流类型,锂离子电池主要有磷酸铁锂离子电池、钛酸锂离子电池、三元锂离子电池。

(1) 磷酸铁锂离子电池

目前,作为锂离子电池正极材料之一的磷酸铁锂($LiFePO_4$)来源广泛、价格便宜、热稳定性好、无吸湿性、对环境友好。磷酸铁锂电池是各种二次电池中产业链发展最为成熟的一种,也是最具潜力的一种先进储能电池。其具有工作电压高、能量密度较大、循环寿命足够长、自放电率小、无记忆效应、绿色环保等一系列优点,并且支持无级扩展,适合于大规模电能储存,在可再生能源发电安全并网、电网调峰调频、分布式电站和不间断电源(Uninterruptible Power Supply, UPS)等领域有着良好的应用前景。

在磷酸铁锂离子电池储能应用方面,美国处于领先位置。美国电力科学研究院在2008 年就已经进行了磷酸铁锂离子电池的相关测试工作,并在 2009 年的储能项目研究规划中开展了锂离子电池用于分布式储能的研究和开发,同时开展了兆瓦级锂离子电池储能系统的示范应用,主要用于电力系统的频率和电压控制以及平滑风电等。美国 A123系统公司开发出 2 MW 0.25 h 的 H-APU 柜式磷酸铁锂电池储能系统。2008 年 11 月,A123 系统公司联合美国通用电气公司,与美国爱依斯电力(AES)公司合作,于 2009 年在宾夕法尼亚州实施了 2 MW 的 H-APU 柜式磷酸铁锂电池储能系统接入电网。

中国以比亚迪公司、ATL/CATL 公司为代表的电池企业十分注重锂离子电池储能的电力应用。2008 年,比亚迪公司开发出基于磷酸铁锂电池储能技术的 200 kW 4 h 的柜式储能电站,并于 2009 年 7 月在深圳建成我国第一座 1 MW 4 h 磷酸铁锂离子电池储能电站,储能单元额定功率为 100 kW,由 600 节 FV200A 磷酸铁锂电池组成,其应用方向定位于削峰填谷和新能源灵活接入。2011 年,东莞新能源(ATL)公司在松山湖厂区建设 1 MW 2 h 的储能示范电站,采用 60 A·h 单体磷酸铁锂电池。2011 年国家电网公司在张北县投产运行国家风光储输示范工程,该工程一期配置了 20 MW 的储能系统,总工程配置 75 MW 储能系统,其中多数为磷酸铁锂离子电池储能系统,用于验证储能系统在平滑风电的波动、矫正风电预测偏差、削峰填谷、调整新能源出力等方面的作用。南网兆瓦级电池储能电站试点工程位于深圳龙岗区,工程设计规模 10 MW,分两期建设,第一期 4 MW,其中 3 MW 为比亚迪公司的磷酸铁锂电池,另外 1 MW 采用中创新航公司的磷酸铁锂电池,用于削峰填谷、无功支撑、有功调节等。

综上所述,磷酸铁锂电池因其循环寿命足够、安全、可靠性高的优势,已在储能领域获得应用及认可。

(2) 钛酸锂离子电池

自 1991 年锂离子电池产业化以来,电池的负极材料一直是石墨。钛酸锂作为新型锂离子电池的负极材料,由于其多项优异的性能而受到重视。钛酸锂材料具有超高安全性、超长寿命、高低温工作范围宽、高功率以及绿色环保等优势。但钛酸锂材料的能量密度较低,同时由于其吸水性强等特点,对电池制作的环境要求较高。目前,钛酸锂电池的应用市场尚未完全打开。

国外对钛酸锂离子电池的研究工作较多,美国 Altarinano 公司开发出的 50 A·h 钛酸锂离子储能电池,常温下 100% DOD,2 C 充放电循环 4 000 次,容量几乎无衰减,寿命超过 12 000 次,日历寿命达到 20 a。

日本东芝公司采用自主生产的钛酸锂,开发出 42 A·h SCiB™ 锂离子电池。该电池具有出色的快速充电性能和长寿命性能,在快速充放电条件下[25 ℃,10 C(42 A)充电,15 A放电],反复充放电约 3 000 次,容量只降低不到 10%。2011 年 11 月,该公司的锂离子充电电池 SCiB™ 已被本田电动汽车"飞度 EV"采用。

在国内,北京科技大学和中信国安盟固利动力有限公司等单位开展了软包装钛酸锂/锰酸锂电池研究工作。分析了钛酸锂/锰酸锂电池在充放电过程中产生的气体成分,研究了影响钛酸锂电池胀气的因素,进一步开发出性能优越的 35 A·h 软包装钛酸锂/锰酸锂电池。该电池常温 1 C 循环 3 000 次后容量保持 87%;高温 55 ℃,1 C,1 300 次循环后仍能保持 85% 的初始容量,并具有良好的倍率和搁置性能。

综上,钛酸锂离子电池具有充放电响应速度快,倍率特性好,寿命超长等优点,由于钛酸锂电池在充放电过程中容易发生胀气,且吸水性强等,导致其成本居高不下,成为钛酸锂电池大规模商业应用的瓶颈之一。

（3）三元锂离子电池

三元锂离子电池一般是指使用镍钴锰三元材料为正极材料的电池。三元材料综合了镍酸锂、钴酸锂、锰酸锂三类材料的优点，具有容量高、能量密度高、成本低、宽温性能好、倍率高的特点。但制作三元锂的原材料中，钴金属有毒，且离子电池分解时产生氧气，安全性不好管理等，在储能调频应用中业界有疑虑。

通过以上分析可知：各种电池技术优缺点并存，这是由材料科学的复杂性所致。电池技术的本质是材料学，一般情况下，新出现的电池材料比旧材料先进，但因其工程级应用少，有不完善的地方，需要经历试错、纠错过程，成熟安全性也相对较差。

结合储能调频系统对锂离子电池的性能要求，不同锂离子电池类型的关键性能比较如表 5-1 所示。

表 5-1　不同类型锂离子电池性能比较

电池类型	安全性	循环寿命	成本	倍率性能	能量密度
三元锂离子电池	★★	★★★	★★★★	★★★★	★★★★★
磷酸铁锂离子电池	★★★★	★★★★	★★★★	★★★★	★★★★
钛酸锂离子电池	★★★★★	★★★★★	★★	★★★★★	★★

储能调频项目以技术成熟性及安全性为首要考虑因素，储能调频系统对电池的安全性、循环寿命、成本和倍率性能要求较高，三元锂离子电池存在安全隐患，国内山西某电厂发生过三元锂离子电池火灾事故；钛酸锂离子电池成本较高（2～3 倍于普通锂离子电池），能量密度低导致占地面积大。综合比较下，储能调频项目推荐使用目前最为成熟、安全的磷酸铁锂离子电池技术，并采用一流电池厂商的产品，根据电厂储能调频要求，采用功率型储能系统。

2. 储能电池设计

（1）电池成组方案

本项目储能电池系统采用磷酸铁锂电芯为基本单元进行系统配置，一个电池簇由 23 个电池模块组成，每个模块的系统配置为 38.4 V/120 A·h。电芯基本性能参数如表 5-2 所示。

表 5-2　电芯基本性能参数

序号	项目	规格
1	电池种类	动力型锂离子电池
2	电池型号	LP27148134
3	标称容量	40 A·h

续　表

序号	项目		规格
4	标称电压		3.2 V
5	内阻		≤0.7 mΩ
6	重量		1 060 g±20 g
7	最大充电电流		6 C(连续)
8	充电截止电压		3.65 V
9	最大放电电流		6 C(连续)
10	放电终止电压		2.0 V
11	最大工作温度范围	充电	0 ℃~45 ℃
		放电	−20 ℃~60 ℃
		充电电池温度	0 ℃~45 ℃
		放电电池温度	−20 ℃~60 ℃
12	最佳工作温度范围	充电	15 ℃~35 ℃
		放电	15 ℃~35 ℃
13	储藏温度	1 个月内	−40 ℃~45 ℃
		6 个月内	−20 ℃~35 ℃

本设计方案采用 3 个模组串联成一个电池组,加上一个电池管理单元(BMU)组成一个标准的集装箱储能专用的电池模块。电池模组性能参数如表 5−3 所示。电池充放电次数如图 5−4 所示。

表 5−3　电池模组性能参数

序号	项目	规格
产品规格		
1	单体电芯规格	LP27148134
2	电池组串并连方式	3P12S
3	配组电压差/mV	≤6
4	配组容量差/(A·h)	≤1%
5	配组内阻差/mΩ	≤0.15 mΩ
电性能		
1	标称电压/V	38.4
2	额定容量/(A·h)	120 @1C 25 ℃
3	额定能量/(W·h)	4608 @1C 25 ℃

序号	项目	规格
4	放电截止电压/V	33.6
5	充电截止电压/V	43.2
6	标准充电流程	25 ℃±3 ℃,65%±5%RH 环境下,电池组以 2 C 恒流充电到 43.2 V,43.2 V 恒压充电直到电流小于 0.05 C
7	标准放电流程	25 ℃±3 ℃,65%±5%RH 环境下,电池组以 2 C 恒流放电到 33.6 V
8	最大持续充电电流/A	240
9	最大持续放电电流/A	240
10	最大瞬间放电电流/A	300(30S)
11	均衡方式	充电被动均衡
12	电池组自放电	≤3%/月
13	电池组存储性能	25 ℃ 30%～50% 电池剩余容量(State of Capacity,SOC)储存 30 天,可恢复容量≥97%
		25 ℃ 30%～50% SOC 储存 90 天,可恢复容量≥95%
14	循环寿命	1 C 充放电倍率,100% 充放电深度下,可以达到 5000 次循环,电池容量衰减至额定容量的 83%
		2 C 充放电倍率,100% 充放电深度下,可以达到 4000 次循环,电池容量衰减保持在额定容量的 80% 以上

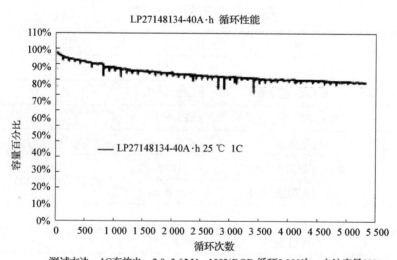

测试方法:1C充放电, 2.0~3.65 V, 100%DOD 循环5 000次,电池容量83%。

图 5-4　电池充放电次数

（2）电池系统集成方案

本方案采用 23 个 3P12S 电池模块（箱）和 1 个高压箱串联组成一个电池簇集成在具有强制风冷散热功能的电气柜内组成一个标准电池簇单元。

每簇电池系统安装在标准的电池单元内，7 簇电池汇流在电池汇流柜（Battery Collection Panel，BCP）内，BCP 柜内配置有高压隔离开关和熔断器，组成 750 kW·h 电池系统，750 kW·h 占用标准 20 尺集装箱位置。

储能系统由大量电池单体组成，电池单体的安全性能是整个储能系统安全性与可靠性最基本的保证，项目采用磷酸铁锂电池，磷酸铁锂电池是现阶段各类锂离子电池中较为适合用于储能的技术路线，目前已投建的锂电储能项目中大多数也都采用这一技术。

此外，储能系统设有电池监控系统（BMS），会持续监测电池的运行状态和性能，如果有涉及电池组或其他组件的任何不正常状况发生，警报信息将立即被传达给储能设备的运行监测人员，并且储能系统控制单元能够自动切除故障电池组，保障系统整体安全。储能系统无废气、废水或废渣排放；储能电池运行噪声极低；系统自动化程度高，在定期维护的基础上，可实现无人值守。

3. 储能系统及储能场区的防雷接地设计

储能系统区域设置独立避雷针作为直击雷保护。集装箱基础及电缆沟道预设接地网，与电厂原有接地网相连。电池储能系统、功率变换系统和冷却系统设备外壳就近接入接地网。所有主设备经两点独立接地点接入接地网。所有浪涌保护器接地端需要通过专用接地点，直接接入接地网。所有屏蔽电缆和进线中性点需要接入储能系统现场接地网。

所有上述接地点需要采用螺栓连接。控制电缆屏蔽线需经单点接地，接地点位置在控制柜内，采用放热焊接形式或螺栓连接。

4. 储能散热风道设计

储能电池系统包括完整的冷却装置和系统。

每个 5 尺电池箱的独立电池舱都拥有独立的冷却系统。空调位于电池舱顶部，并且每个电池模组和高压盒都有冷却风扇，冷却风扇根据电芯温度自动开启或停止。

储能系统主要通过分区温控、冷热风隔离来实现储能箱内的冷热温度控制，空调送的冷风直接通过顶部的风道送至电池架，避免了小空间内的冷热风短路和温度分层问题，确保了每簇内电池的送风温度一致，提高了电池的温度一致性，保证系统在电池的最适宜工作温度运行。控制系统监控各组电池单元运行温度，保证电池单元寿命和状态的一致性。

电池集装箱配有加热带，并根据温度调节器在温度低于 5 ℃时自动启动运行。

5. 储能系统消防

依照 GB 50116—2013《火灾自动报警系统设计规范》、GB 50370—2005《气体灭火系统设计规范》,在系统防护区内设置高灵敏度的火灾报警系统,配备温感、烟感探测器,在检测到火灾险情后通过警铃和声光报警器发出火灾报警,把火灾信息上传至消防主机。系统具有自动检测火灾、自动报警、自动启动灭火和自动上传消防状态功能,同时具有自检功能,可定期自动巡查、监视故障及故障报警,保障储能系统的消防安全。

如图 5-5 所示,每个 5 尺电池集装箱内分割成两个独立的电池舱室,每个舱室的消防火灾系统包括三级设施,即火灾报警系统、火灾灭火系统和水喷淋系统。

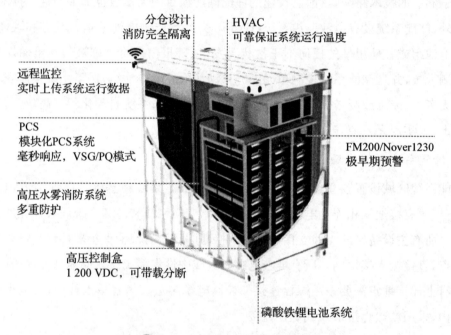

图 5-5　电池舱消防布局设计图

（1）极早期火灾预警和火灾报警系统

每个独立电池舱安装有极早期烟雾探测设备和烟感、温感等火灾报警系统。极早期烟雾探测器主动对空气进行采样探测,发出报警信号,提醒设备保护。

烟感、温感作为火灾发生时的报警设备,所有报警信号连接到储能消防系统主机,在火灾发生时第一时间通知储能区域值班人员,及早发现隐患,并且现场声光报警器发出火灾信号,提醒现场人员注意。

（2）七氟丙烷气体灭火设备

每个电池舱室内独立布置一套直接式感温自启动探火管灭火系统,当火患发生时,距离火源周围 1 m 范围内经充压的探火管在一定温度下爆破,通过爆破口将灭火介质输送到保护区内,达到自动灭火的目的。灭火控制方式为自动,探火管装置采用局部全淹没灭火方式,能够起到完全灭火方式。灭火介质采用七氟丙烷。

（3）水喷淋/高压水雾降温系统

电池火灾发生时,电池热失控,导致大量发热。即使第一时间火患被有效制止,但电池内部热量仍会导致复燃。最有效的方式是给电池持续降温。水喷淋系统可以对电池箱二次灭火,从而有效解决这一问题。

电池舱内设置有 3 组下垂型喷头,或者高压水雾喷头。喷头处供水压力为 0.1 MPa,喷水强度达到 200 L/min,喷头喷水强度实现向内全覆盖。储能区域内消防设施连接至设备厂区消防管网,利用消防泵增压,火灾发生后,消防泵启动,对相应的电池舱持续喷水降温,迅速控制电池着火的影响和损失方位,以确保储能区域其他相邻设备的安全。

6. 储能系统集装箱设计

3 MW/1.5 MW·h 电池系统整体尺寸为标准 40 尺集装箱。储能电池集装箱采用模块化、标准化、小型化、分舱设计的电池箱体和汇流单元箱体组成,每个箱体尺寸为标准 5 尺集装箱。电池箱体和汇流箱均为标准模块尺寸,各箱体采用积木式搭建,能够快速部署和灵活运用(图 5-6)。每个 5 尺电池箱体分割成两个电池舱,各电池舱相互独立,内部包含完善的电池管理单元、空调及温控系统、照明系统、防火系统、接地保护装置等。

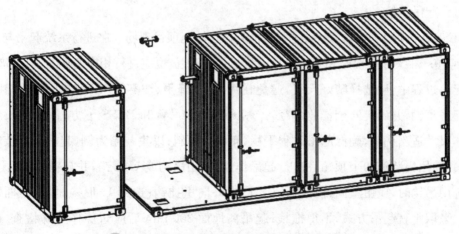

图 5-6　模块化电池集装箱积木式搭接示意图

采用分舱设计优势显著,一旦发生火灾,模块化的隔间设计降低了电池容量,可以降低火灾导致的损失,且可以把火灾限制到本隔间内,不会影响其他隔间的设备安全,从而大大降低火灾危险等级,也可以减少火灾中的设备损失,并为消防及故障处理赢得宝贵时间。

项目采用高性能的储能锂电池、成熟的电池 PACK 技术、专业稳定的 BMS 系统,整个储能电站包含锂电池储能系统、功率单元系统、配电保护系统、温控消防系统、集装箱防护系统、辅助配套系统。

本项目共设计有 5 台 3 MW/1.5 MW·h 电池储能系统,其中每台 3 MW/1.5 MW·h 系统共有 7 台 5 尺电池箱和 1 台 5 尺汇流箱组成。每个 5 尺箱分割成完全独立的两个舱室。

7. 视频监控系统

本项目在储能电站内配置一套视频监视及技防系统,视频监视及技防系统由摄像机、连接电缆、监控屏柜、嵌入式硬盘录像机、液晶显示器、报警主机、综合电源、网络交换机、监控终端等设备组成,以达到以下目标:由监视储能电站场区内设备运行情况;监视储能电站出入口人员的进出情况。

本期配置 5 台数字固定定焦摄像机和 1 台硬盘录像机,用以对储能厂站运行设备和人员的监视。摄像头选用固定枪机,安装于储能站围栏加强构件或采用立杆安装;硬盘录像机安装于本期新增的机柜内。

三、项目安装调试

储能集装箱内部设备的安装、集成、调试一般在工厂完成,然后集装箱整体发往现场。现场只需安装固定集装箱,连接好各设备的接线,做好整体系统的测试、调试即可。

(1) 起吊运输

BESS 在进行了内部加固后,进行整体起吊运输至项目现场。在进行系统起吊与运输过程中,应遵守相关作业规定和安全操作流程,对操作人员也应进行相应的作业、安全培训。

起吊过程中,应选择晴好天气,避免在大风、强降雨、浓雾天气下作业,应选择吨位适宜的起吊车辆,并确定安全作业半径,严禁人员进入吊臂和 BESS 下方;吊索的长度可根据箱体尺寸适当调整,确保起吊过程平稳,箱体不倾斜;以集装箱为例,起吊前集装箱房门闭锁,并使用集装箱四个顶角件进行起吊作业;采用吊钩或 U 形钩,并与箱体正确连接。

选用吊钩时,应由里向外挂钩,不允许由外向里挂钩;选用 U 形钩时,横向插销必须拧紧。采取垂直起吊方式,不得拖拽;起吊离地面 300 mm 后应暂停作业并检查,确定连接紧固、箱体水平稳定后方可继续起吊;箱体到位后,平稳安放,并与底座固定。

场地适宜情况下,也可利用集装箱底部叉槽采取叉车运输方式,但应谨慎选择叉车载重能力与货叉长度。

(2) 现场安装

BESS 箱体较重,在建造地基前应夯实基坑底部,确保有足够的有效承重;为防止雨水侵蚀,地基应高出地面 200～300 mm,如果考虑当地可能会有较强降水或者积水的情况,台面还可继续加高。有时为了便于人员进出和操作,可在集装箱进出门处建造台阶或平台。关于地基,一种是高台式,一种是墩式。

地基横截面积应符合箱体尺寸安装要求,高度保持在同一水平面,误差不超过 5 mm;根据集装箱进出线孔位置和大小,在建造地基时,预留线缆沟位置,预埋穿线管。

在地基的四角牢固预埋钢板,通过焊接方式与集装箱底座相连,实现集装箱体与地基间紧固。

地基底部应预留积水坑及排水管;在地基对角位置预埋不低于 160 mm^2 的接地扁钢条,表面做好防腐处理;接地钢条一端与现场主地网可靠相连,另一端与集装箱体接地点相连。

在完成电气、通信线缆连线后,线缆进出口及缝隙处还需用防火泥封堵,防止异物及老鼠等小动物进入。

四、项目运行维护

1. PCS(变流器)系统检查

运行监视、检查	异常及故障处理
1. 检查变流器集装箱,应无破损、柜门关闭严密。 2. 运行中严禁打开变流器、变压器柜门,以防变流器跳闸。 3. 变流器的监控系统界面显示正常,无硬件和配置类告警信息。 4. 变流器的交流侧电压、电流正常(不超过 525 V±5%、1 566 A),直流侧电压正常(780~990 V)、直流侧电流不超过额定 1 680 A,功率不超过规定值 1 500 kW。 5. 储能变压器高压侧电流正常,一般不超过额定值(173 A),在变压器线圈温度不超过 130 ℃时,允许短时间过负荷 10%运行。 6. 监视变压器绕组温度正常,变压器风扇运行正常,变压器绕组温度达 50 ℃冷却风扇自动启动。 7. 监视变流器集装箱室内温度正常,一般不超过 35 ℃,冷却风扇运行正常(变流器功率单元内核温度达 50 ℃冷却风扇自动启动,否则手动启动),变流器温度正常,其功率单元内核温度一般不超过 110 ℃。 8. 变流器的操作方式选择开关切位置正常。 9. 检查 PCS 装置,确保声音正常、无异常气味。 10. 就地电源、控制柜各开关状态正确,无发热、冒烟现象。	1. 变流器发生异常和故障时,应立即停运检查处理,待确认故障消除后方可投入运行。 2. 变流器发生异响、关键部件异常(如采样错误、开出自检错误等)时,应立即停机检查。 3. 变流器功率单元内核温度达 120 ℃报警,应检查冷却风扇运行是否正常,适当降低功率运行,变流器温度达 140 ℃跳闸。 4. 变压器的温度异常:达 135 ℃报警,应检查冷却风扇是否运行正常,降低功率运行,变压器温度达 150 ℃跳闸,变流器退出运行,变压器高压侧开关跳闸。 冷却装置发生异常时,应停机检查冷却装置、控制回路和工作电源,尽快恢复运行。 6. 变流器的控制系统工作异常时,应停机检查。 7. 变流器的功率输出异常时,应停机检查其功率元件及其控制驱动模块、控制通信通道。 8. 变流器有急停按钮,就地发现有危及设备安全运行的情况,可用急停按钮紧急停止。 9. 变流器故障停机,进行检查时应将变流器停电(包括变压器 10 kV 侧开关),在停电 30 分钟后方可打开柜门进行处理。

检修项目：

序号	项目	检修工艺流程	质量标准
1	双向变流器清灰	用压缩空气清洁 PCS 交流柜、功率柜及风机的灰尘	表面无灰尘杂质
2	检查进出引线	检查进出引线是否完好	引线相序正确，导电接触面无过热、灼伤痕迹，薄涂一层电力复合脂，连接紧固。
3	检查各绝缘件、紧固件、连接件	检查各绝缘件、紧固件、连接件是否完好	表面有无爬电痕迹和炭化现象，绝缘无损坏。紧固件、连接件不松动，螺栓齐全紧固，松动螺栓进行紧固。
4	检查通风散热系统	检查 PCS 箱排风风机	风机无剧烈震动、无异常声音、转动正常。
5	检查 PCS 散热系统	检查 PCS 散热通道	风机无剧烈震动、无异常声音、转动正常。集装箱进风口通畅无异物，PCS 柜门滤网不堵塞，出风管与箱体连接处密封正常。
6	检查 PCS 控制电	检查 PCS 二次供电	电源输出正常，控制板供电正常、与 EMS 通信正常。

2. 电池系统检查

运行监视、检查	异常及故障处理
1. 电池集装箱室内温度在 5 ℃～40 ℃ 范围内，湿度 5%～75%，各电芯温度正常，一般不低于 10 ℃、不超过 40 ℃，空调运行正常；低于 10 ℃，加热自动投入。空调可通过监控系统进行启动、设定温度，空调优先工作于池温（电池温度）模式，如果池温设定高于室温设定，则空调工作于室温模式。 2. 电芯电压、电流正常，电芯电压应不大于 3.6 V，不小于 2.85 V。 3. 监视电池簇电压不低于 780 V，不高于 990 V，整簇充、放电流小于 290 A。 4. 严格控制电池簇充放电截止电压，防止过充、过放电，电池簇 SOC 不低于 20%、不高于 70%。 5. 电芯最大和最小电压差不大于 300 mV，温差小于 15 ℃。 6. 电池监控系统运行正常，无异常报警。 7. 电池箱门关闭严密，无异响、异味。 8. 辅助电源正常，电池堆出口刀闸运行正常，无发热、异味、异音。	1. 就地检查发现电池冒烟着火，应立即按下电池堆急停按钮退出对应 PCS 运行，同时汇报给值班负责人。 2. 电池箱内火灾报警，系统自动停止 PCS 运行（交、直流开关跳闸），否则立即手动停止 PCS 运行。 3. 检查电池簇出口接触器跳闸、空调停止运行，否则手动停止空调运行。 4. 将储能调频变高压侧开关停电。 5. 检查七氟丙烷自动投入。若未自动投入，在火情较轻、人身安全有保证的情况下，可就地手动投入。立即汇报，联系消防队协助处理。 6. 若七氟丙烷未能有效控制火情，在火情较轻，且人身安全有保证的情况下，可就地手动接入消防水向着火电池箱注水。使用消防水持续进行控火和灭火，明火熄灭后，应至少喷水降温 2 小时，防止复燃。 7. 当火势较大，应停止储能电站运行，非专业消防人员全部撤离储能调频电站。 8. 灭火人员在参加灭火时，应防止发生烧伤、中毒、触电和爆炸等次生灾害。

第 六 章

电化学储能在新能源场站中的应用

面对新能源配储投资成本昂贵、盈利模式匮乏、整体利用率低等发展困境，提出"新能源＋分散式储能"设想。项目提出一种主动支撑型的新能源场站分散式储能模式及整体解决方案，系统研究分散式储能优化配置、接入方式、组网方案、控制策略等关键技术，并且自主研发光储、风储一体化协同控制系统。

项目分别于江苏某 100 MW 光伏场站部署 14 套分散式储能（总计 5.5 MW/11 MW·h），某风电场部署 40 套分散式储能（总计 10 MW/10 MW·h）进行创新示范应用试点。2022 年投运以来，系统运行稳定、应用效果良好。

本章将介绍"新能源场站分散式储能关键技术研究与示范应用"项目的基本概念、整体思路、详细方案、应用情况与特色凝练，总结集中式储能和分散式储能的适用场景。

第一节　基本概念

"新能源＋分散式储能"是指储能设备因地制宜地分散布置在新能源场站内部光伏箱变或风机塔筒附近的区域。与传统"新能源＋集中式储能"对比（如图 6-1 所示），"新能源＋分散式储能"具有如下优势：

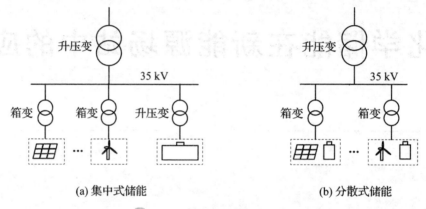

(a) 集中式储能　　　　　　　　　(b) 分散式储能

图 6-1　新能源配储布局方式

（1）降低风险程度，缩小事故范围。分散式储能可减轻电池高聚集所导致的风险危害程度，即便发生事故也能有效控制大范围火灾等消防风险。

（2）充分利用资源，节约投资成本。分散式储能可充分利用新能源场站现有土地空间以及箱变余量，无需征地、无需扩容，减少征地与配套建设投资成本。此外，可减少审批手续，对生态环境影响小。

（3）部署方式灵活，方便储能扩容。储能项目经济性依赖于地方政策扶持。随着政策不断完善、市场逐渐规范，对于储能的需求将"只增不减"。分散式储能可以更快速地应对政策和盈利模式的变化。

（4）减少转换环节，增加发电效率。分散式储能相较于集中式储能大约能够提升 2% 的上网电量。计算过程如图 6-2 和图 6-3 所示。忽略线损等各类因素，计算光伏和风电单位出力经过储能系统一次充放电后的上网电量，可对比集中式储能和分散式储能的能量转换效率。

从图 6-2 与图 6-3 的公式中，可以得到以下结论：

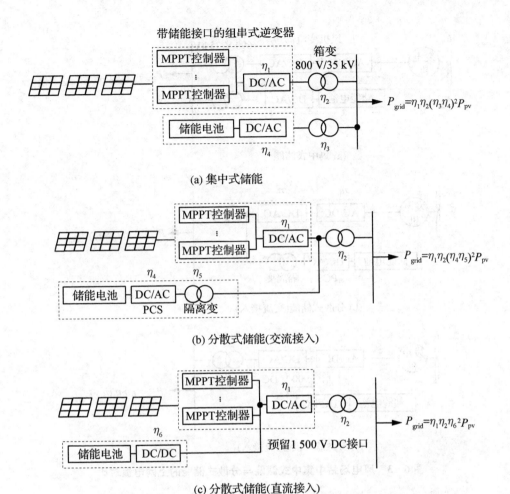

图 6-2　光伏场站中集中式储能与分散式储能的上网电量对比

　　a. 分散式储能（交流接入）相较于集中式储能可以大约提升（$\eta_{隔离变}/\eta_{升压站}^2 - 1$）×100% 的发电效率。一般而言，升压站损耗大于隔离变损耗，因此分散式储能（交流接入）可以提升上网电量。

　　b. 分散式储能（直流接入）相较于集中式储能可以大约提升（$1/\eta_{升压站}^2 - 1$）×100% 的发电效率。一般而言，升压站转换效率约为 99%。因此，分散式储能（直流接入）大约能够提升 2% 的上网电量。

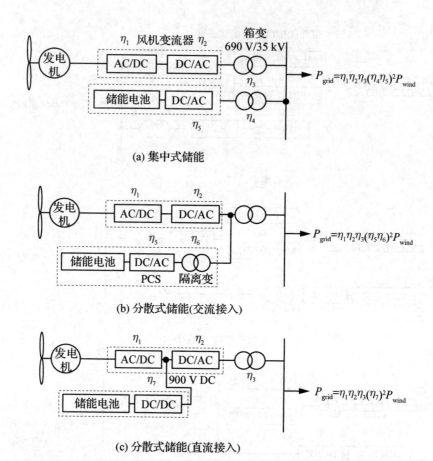

(a) 集中式储能

(b) 分散式储能(交流接入)

(c) 分散式储能(直流接入)

图6-3　风电场站中集中式储能与分散式储能的上网电量对比

从理论来看,相同条件下,新能源单位出力经过储能系统一次充放电后的上网电量:分散式储能(直流接入)>分散式储能(交流接入)>集中式储能。

从缺点来看,分散式储能相应地会增加储能通信和协同控制的难度。

综合来看,分散式储能布置方式适应于存量、新建新能源场站,推广场景适应性强。

第二节 项目内容

本节将简要介绍项目的主要内容(图 6-4),具体方案将在第六章第三节介绍。

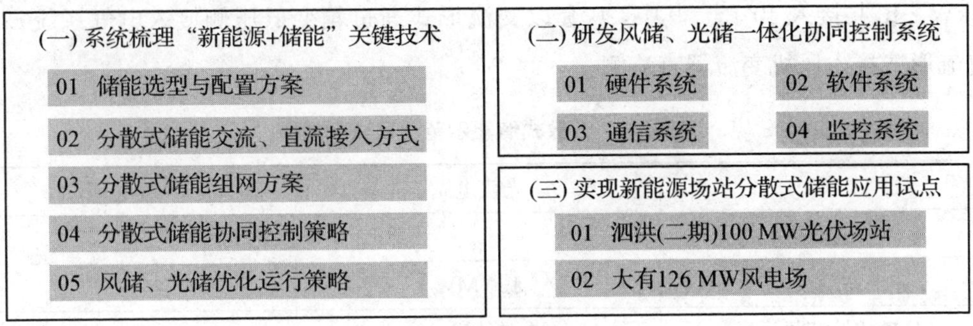

(一) 系统梳理"新能源+储能"关键技术	
01 储能选型与配置方案	
02 分散式储能交流、直流接入方式	
03 分散式储能组网方案	
04 分散式储能协同控制策略	
05 风储、光储优化运行策略	

(二) 研发风储、光储一体化协同控制系统	
01 硬件系统	02 软件系统
03 通信系统	04 监控系统

(三) 实现新能源场站分散式储能应用试点	
01 泗洪(二期)100 MW光伏场站	
02 大有126 MW风电场	

图 6-4 项目实施内容

项目实施内容概括为三部分:

1. 新能源场站分散式储能关键技术研究

(1) 储能选型与配置规模,即"总体配置多少储能合适"。

(2) 分散式储能接入方式,即"储能设备怎么接入场站"。

(3) 分散式储能组网方案,即"储能之间怎么实现通信"。

(4) 分散式储能协同控制策略,即"分散式储能怎么控制"。

(5) 风储、光储优化运行策略,即"储能如何服务新能源场站"。

2. 风储、光储一体化协同控制系统研发

风储、光储一体化协同控制系统是项目的核心,是实现上述关键技术的载体。系统包括控制柜、通信网络、监控系统和控制策略。当前的总体功能为兼顾储能电池性能衰减和寿命损耗,减少新能源场站的并网运行考核、厂用电支出和限电损失,大幅提升新能源涉网性能,实现储能应用效益最大化。未来,随着政策和实施细则更新,功能将进一步丰富和优化。

3. 新能源场站分散式储能应用试点落地

项目分别在江苏某光伏场站、某风电场开展实施。

光伏场站为渔光互补电站,总容量 100 MW,2020 年全容量投产,共 534 台华为SUN2000 逆变器。

项目于光伏场站部署总容量为 5.5 MW/11 MW·h 的分散式储能,其中 10 套 500 kW/1 000 kW·h 储能以交流形式接入箱变低压侧;4 套 125 kW/250 kW·h 储能以直流形式接入光伏子阵逆变器直流侧。

风电场总容量 126.3 MW,2020 年全容量投产。共 57 台直驱风机,54 台 2.2 MW 风机,3 台 2.5 MW 风机;25 台钢塔(高度 140 m),32 台混塔(高度 120 m)。

项目于风电场部署总容量为 10 MW/10 MW·h 的分散式储能,储能单元为 250 kW/250 kW·h,共接入 40 套。其中,20 套以交流形式通过箱变低压侧接入电气系统;20 套以直流形式接入风机变流器直流侧。

表 6-1 分散式储能示范项目试点规模

		光伏电站	风电场
电站投运		2020 年全容量投产	
电站规模		100 MW	126.3 MW
分散式储能投运		2022 年 2 月	2022 年 6 月
分散式储能总规模		5.5 MW/11 MW·h	10 MW/10 MW·h
交流接入	储能规模	10 套 500 kW/1 000 kW·h	20 套 250 kW/250 kW·h
	接入位置	箱变低压侧	
直流接入	储能规模	4 套 125 kW/250 kW·h	20 套 250 kW/250 kW·h
	接入位置	光伏子阵逆变器直流侧	风机变流器直流侧

现场情况如图 6-5 所示。

(a) 光伏场站

(b) 风电场

图 6-5 分散式储能现场图片

第三节 整体方案

区别于项目报告"点状思维"地详细介绍每一块研究内容,本书将整合项目研究成果,从产品顶层设计的角度出发,介绍"新能源＋分散式储能"整体解决方案。

此外,本节将介绍分散式储能优化配置方案和优化运行方案的思路,重在揭示分散式储能应用的底层逻辑。

一、"新能源＋分散式储能"系统解决方案

"新能源＋分散式储能"系统包括感知层、传输层、平台层与应用层,如图6-6所示。

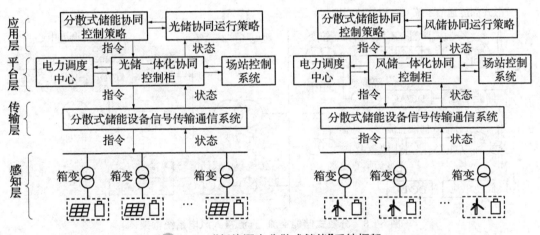

图6-6 "新能源＋分散式储能"系统框架

1. 感知层:分散式储能系统接入方案

不同于传统集中式储能系统,项目在泗洪光伏场站和大有风电场分别进行储能"交流接入"和"直流接入"新能源的两种技术创新。

针对光伏场站,储能以模块化集装箱形式分散布置于光伏箱变附近,可采用交流方式接入光伏箱变低压侧,也可采用直流方式接入逆变器直流侧,系统框架如图6-7所示。

风电场采用"一机一储"方式,储能以模块化集装箱形式布置于风机基础平台,可采用交流方式接入风机箱变低压侧,也可采用直流方式接入风机变流器直流母线,系统框架如图6-8所示。

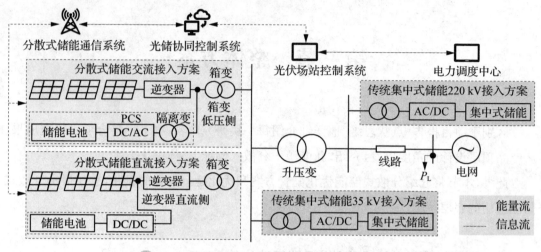

图6-7　分散式储能交流、直流接入光伏系统框架

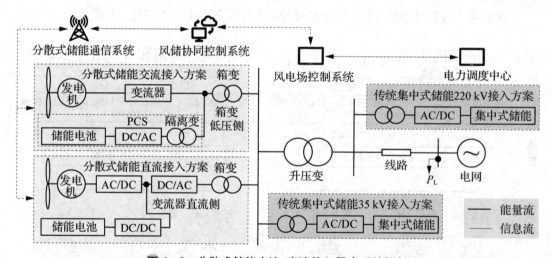

图6-8　分散式储能交流、直流接入风电系统框架

　　项目实现了储能低压"直流接入"光伏子阵逆变器和风机变流器直流侧。截止项目投运,国内尚无工程应用。新能源和储能在直流侧深度耦合,随之导致交流侧功率控制量包含了储能功率,增加了系统控制难度。因此,项目进一步研发了光储、风储功率解耦控制技术,解决了由于储能直流接入产生的功率控制难题。

　　2. 传输层:分散式储能系统通信方案

　　分散式储能通过新能源场站光纤环网备用芯连接,实现数据通信。其项目网络架构如图6-9所示。

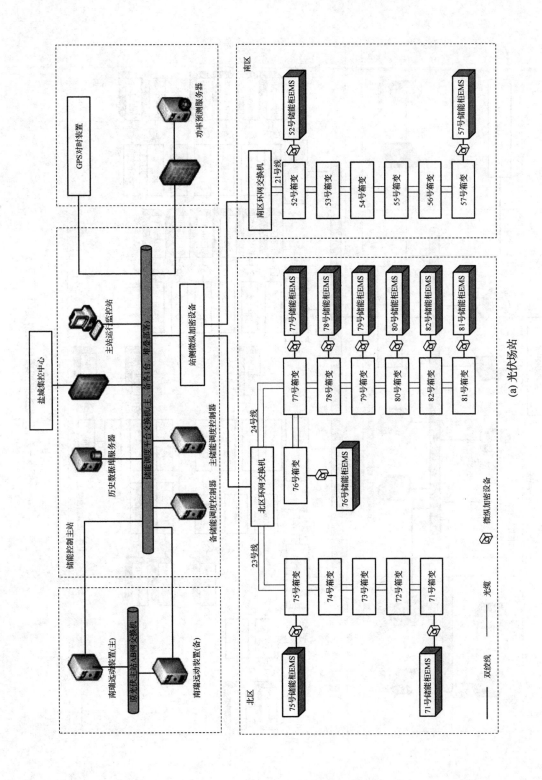

(a) 光伏场站

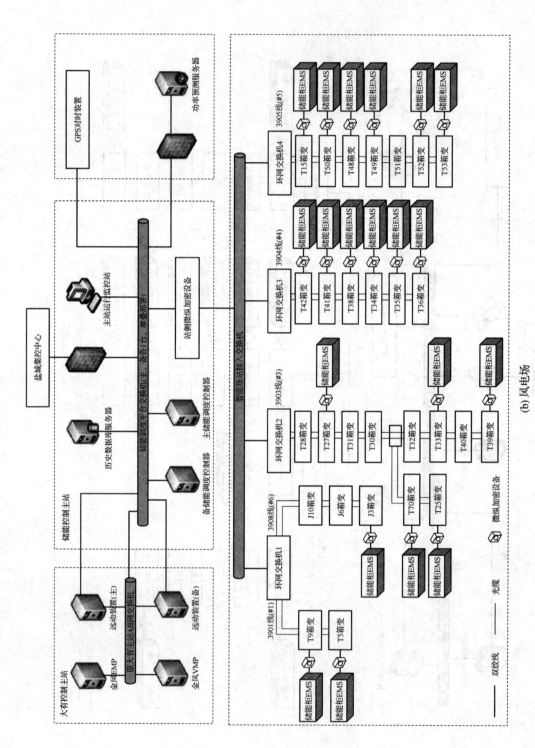

图 6-9　分散式储能项目网络架构

(b) 风电场

3.平台层：风储、光储一体化协同控制平台

项目自主研发了基于"分散布置、集中控制"原则的风储、光储一体化协同控制柜，如图6-10。

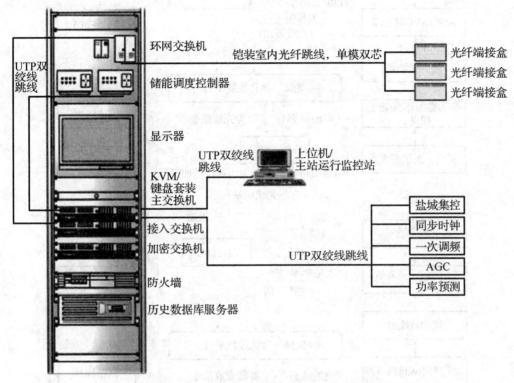

图6-10　明华智控 MICS 控制柜布置图

控制柜具有数据传输、运行监测、设备控制和控制策略实施等功能，主要设备有控制器、交换机、历史库、监控上位机、纵向加密、防火墙、KVM 等。此外，电源、通信、控制设备均采用冗余配置，满足电力行业控制系统安全、稳定、可靠性要求，并配备有定制机柜便于系统设备安装、运行及维护。

以控制柜为硬件载体，平台能够与电力系统远动装置、新能源场控和功率预测等系统通信连接，可满足场站自身需求响应和电网调度指令。光伏场站和风电场的分散式储能项目平台架构如图6-11。

4.应用层：风储、光储一体化协同控制策略

基于对地方政策与实施细则的理解，项目设计优化控制策略，依托协同控制平台，目前为新能源场站实现如下功能：减少并网运行考核、减少限电损失、减少（光伏）厂用电支出。

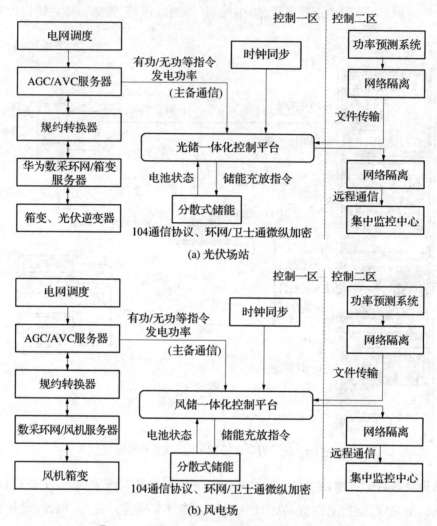

图 6-11　风储、光储一体化协同控制平台框架

　　未来,随着政策与市场进一步完善,逐步能够实现表 2-8 所述功能。如下将简单介绍风储、光储一体化协同控制策略架构。本节第三部分将具体介绍运行策略的底层公式。

　　风储、光储一体化协同控制策略包括分散式储能协同控制策略和风储、光储协同运行策略,如图 6-12 所示。

　　(1) 分散式储能协同控制策略:基于"分散布置、集中控制"思路,汇总分散式储能状态虚拟成为集中式储能,由风储、光储协同运行策略决策虚拟集中式储能充放电总功率,再根据分散式储能状态信息,分解总功率指令。该策略解决了分散式储能数量多、规格不统一和计算量大的难题,同时在分散式储能充放电决策控制中,充分考虑 SOC、SOH 等状

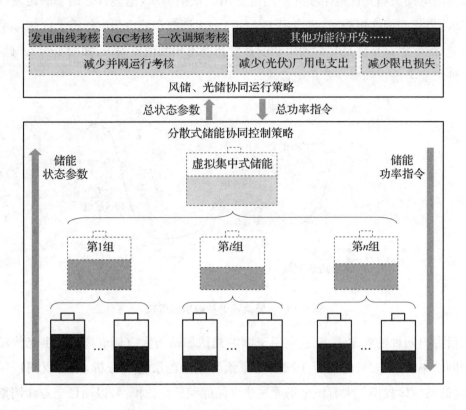

图 6 - 12 风储、光储一体化协同控制策略

态,减少对电池寿命的影响。

（2）风储、光储协同运行策略:利用分散式储能整体减少新能源场站并网运行考核、弃电损失、（光伏电站）厂用电支出,大幅提升新能源场站涉网性能,实现储能应用效益最大化。

二、分散式储能优化配置方案

当前,储能相关政策和标准正在不断完善过程中,但是仍然面临投资成本昂贵、设备利用率低、盈利模式匮乏的发展局面。储能过度投资会降低新能源项目的经济性。因此,结合应用场景与实际需求,研究储能配置的优化方案是项目开展的重要基础。

分散式储能优化配置技术路线:(1) 根据风电和光伏场站整体情况,设计储能运行策略,仿真优化得到储能整体配置规模。(2) 根据每个光伏子阵和风机的出力情况和箱变余量,综合考虑分散式储能的单体规模和布局位置。

项目考虑利用储能减少新能源场站并网运行考核（发电曲线考核、AGC 考核、一次调频考核)、限电损失和光伏电站夜间厂用电支出。根据需求,储能日常用于满足发电曲线考核需求;当收到调度指令时,再应用于 AGC、一次调频和减少限电等需求。

因此,配置思路是满足日常利用储能补偿新能源预测误差需求,如图 6 - 13。此外,光伏站额外需要考虑夜间减少厂用电需求。

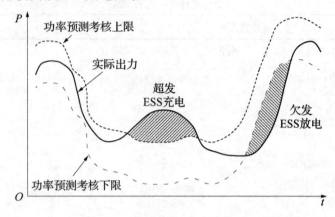

图 6 - 13 储能减少功率预测考核

项目提出两种配置方法,分别应用于泗洪光伏场站与大有风电场。泗洪光伏场站通过做不同功率、不同容量储能对于减少功率预测偏差的敏感性分析,结合夜间厂用电需求,确定储能整体规模。大有风电场通过建立储能配置优化模型,以项目全寿命周期经济性最优为目标,优化得到储能整体规模。

1. 光伏储能

首先,分析场站实际功率和短期预测、超短期预测数据,掌握偏差情况,初步确定配置储能功率,如表 6 - 2 所示。

表 6 - 2 储能功率对消除功率预测偏差的效果分析

储能功率	超短期偏差点数	占比	短期偏差点数	占比
0 MW	6 833	58.8%	6 680	57.5%
<5 MW	1 0547	90.8%	9 007	77.5%
<7.5 MW	1 1053	95.2%	9 612	82.8%
<10 MW	1 1279	97.1%	10 038	86.4%
0 MW	6 833	58.8%	6 680	57.5%
<5 MW	1 0547	90.8%	9 007	77.5%

其次,进行动态仿真计算,进一步分析配置不同功率、不同容量的储能,减少功率预测偏差的效果,如表 6 - 3 所示。

表 6－3　储能容量对消除功率预测偏差的效果分析

	储能功率	1 h	2 h	3 h	4 h
偏差充放策略	5 MW	37.05%	58.94%	64.96%	65.16%
	7.5 MW	52.86%	73.95%	74.35%	74.55%
	10 MW	67.62%	79.17%	79.52%	79.92%
有选择的偏差充放策略	5 MW	60.29%	67.02%	69.13%	70.88%
	7.5 MW	71.79%	75.30%	76.31%	76.91%
	10 MW	75.65%	79.87%	80.87%	81.38%

有选择的偏差充放策略指主动放弃参与调节也无法合格和无需调节已合格的工况。表 2－5 可见，功率预测考核是"0"和"1"的关系，根据是否弥补偏差决定是否考核，而非根据偏差量进行比例考核。

根据仿真结果，5 MW 储能可覆盖 90.8% 超短期预测偏差和 77.5% 短期预测偏差。从边际效益来看，结合泗洪光伏场站夜间厂用电需求，最终确定场站级别配置 5.5 MW/11 MW·h 储能。其中，0.5 MW/1 MW·h 是直流接入系统的储能，作为创新示范。

2. 风电储能

新能源场站需要日常向电网提供中短期功率预测和超短期功率预测，上报与考核时间节点如图 6－14 所示。

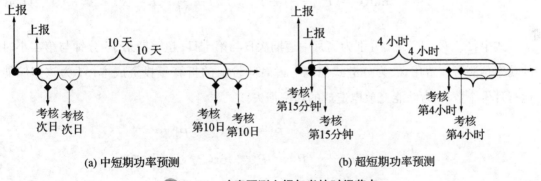

(a) 中短期功率预测　　　　　　(b) 超短期功率预测

图 6－14　功率预测上报与考核时间节点

中短期功率预测需要每日提交未来 10 天每 15 分钟共 960 点有功功率预测数据；超短期功率预测需要每 15 分钟内提交未来 4 小时每 15 分钟共 16 点有功功率预测数据。表 2－5 明确运行管理有关规定和考核细则，此处不再赘述。

预测合格率 ε_t 按点统计，按月考核。

$$\varepsilon_t = \left(1 - \frac{\mid P_t^A - P_t^P \mid}{E_{wind}}\right) \times 100\% \qquad (6.1)$$

式中：P_t^A 为第 t 时刻的风电场上网实际功率；P_t^P 为第 t 时刻的风电场上报调度的预测功率；E_{wind} 为风电场额定容量。

风电场功率预测控制范围可表示为：

$$\begin{cases} P_t^{P,max} = P_t^P + \xi E_{wind} \\ P_t^{P,min} = P_t^P - \xi E_{wind} \end{cases} \qquad (6.2)$$

式中：$P_t^{P,max}$ 与 $P_t^{P,min}$ 为第 t 时刻的风电场功率预测考核上、下限；ξ 为预测误差允许范围。

风电叠加储能总功率控制在范围内则可满足功率预测考核要求：

$$P_t^A = P_t^{wind} + P_t^{BESS} \qquad (6.3)$$

式中：P_t^{wind} 为第 t 时刻风电实际出力；P_t^{BESS} 为分散式储能总功率。

（1）目标函数

风功率预测合格率按点统计，按月考核。假设该月运行 30 天，风电场与分散式储能协同参与功率预测控制过程所产生的费用如下：

$$\min J = (F_1 + F_2 + F_3 + F_4) + \frac{C}{M} + I \qquad (6.4)$$

式中：F_1、F_2、F_3、F_4 分别为当月中短期次日与第十日、超短期第 15 分钟与第 4 小时的功率预测考核费用；C 为分散式储能考虑时间价值的折算年投资成本；M 为该年储能运行月份个数；I 为储能充放电造成的功率损失。

$$f_{1,t} = \begin{cases} 0 & P_t^{P,min} \leqslant P_t^A \leqslant P_t^{P,max} \\ \lambda_1 E^{wind} & (P_t^A < P_t^{P,min})\,or\,(P_t^A > P_t^{P,max}) \end{cases} \qquad (6.5)$$

$$f_{2,t} = \begin{cases} 0 & P_t^{P,min} \leqslant P_t^A \leqslant P_t^{P,max} \\ \lambda_2 E^{wind} & (P_t^A < P_t^{P,min})\,or\,(P_t^A > P_t^{P,max}) \end{cases} \qquad (6.6)$$

式中：$f_{1,t}$ 为第 t 时刻的中短期功率预测考核；λ_1 为中短期功率预测的考核系数，取 1 元/MW；$f_{2,t}$ 为第 t 时刻的超短期功率预测考核；λ_2 为超短期功率预测的考核系数，取 0.4 元/MW。

对第 d 天第 t 时刻而言，将被考核的预测功率点包括：第 $(d-1)$ 天、第 $(d-10)$ 天上报的中短期功率预测结果 $P_t^{P,1}$ 与 $P_t^{P,2}$；第 $(t-\Delta t)$ 时刻、第 $(t-12\Delta t)$ 时刻上报的超短期功率预测结果 $P_t^{P,3}$ 与 $P_t^{P,4}$。Δt 为时间间隔。

$$
\begin{cases}
F_1 = \sum_{t=1}^{2880} f_{1,t} & P_t^{P} = P_t^{P,1} & \xi = 10\% \\[2mm]
F_2 = \sum_{t=1}^{2880} f_{1,t} & P_t^{P} = P_t^{P,2} & \xi = 30\% \\[2mm]
F_3 = \sum_{t=1}^{2880} f_{2,t} & P_t^{P} = P_t^{P,3} & \xi = 3\% \\[2mm]
F_4 = \sum_{t=1}^{2880} f_{2,t} & P_t^{P} = P_t^{P,4} & \xi = 13\%
\end{cases}
\tag{6.7}
$$

分散式储能总投资成本转换成全寿命周期内每年的现值：

$$
C = \alpha \cdot m^{\mathrm{BESS}} \cdot \frac{r\,(1+r)^Y}{(1+r)^Y - 1}
\tag{6.8}
$$

式中：α 为分散式储能个数，即决策变量；m^{BESS} 为每个储能单元的价格；r 为贴现率；Y 为储能全寿命周期。

对于风电场而言，上网电价为固定价格，因此不存在储能充放电套利，但是储能在充放电过程中存在电力损耗，功率损失费用如下：

$$
I = \lambda^{\mathrm{grid}} \cdot \sum_{t=1}^{2880} (s_t^c P_t^c - s_t^d P_t^d)\Delta t
\tag{6.9}
$$

式中：λ^{grid} 为风电场上网电价；P_t^c、P_t^d 为第 t 时刻的储能充放电功率；s_t^c、s_t^d 为第 t 时刻的储能充放电状态，充电时 $s_t^c = 1$ 且 $s_t^d = 0$，放电时 $s_t^c = 0$ 且 $s_t^d = 1$，不运行为 0。

最终，模型求解得到分散式储能配置个数 α 和充放电曲线 P_t^{BESS}。

$$
P_t^{\mathrm{BESS}} =
\begin{cases}
-P_t^c & s_t^c = 1 \\
P_t^d & s_t^d = 1 \\
0 & s_t^c + s_t^d = 0
\end{cases}
\tag{6.10}
$$

此外，《细则》中考核费用返还，按当月被考核的所有风电场、光伏电站额定容量（含储能）比例分别计算分配，即零和博弈：

$$
F_i^{\mathrm{re}} = F^{\mathrm{total}} \frac{E_i^{\mathrm{wind}}}{\sum\limits_{i=1}^{w} E_i^{\mathrm{wind}}}
\tag{6.11}
$$

$$E_i^{\text{wind}} = \frac{\sum_{d=1}^{D} E_{i,d}^{\text{wind}}}{D} \tag{6.12}$$

式中：F^{total} 为电网收到的该月功率预测考核项的总考核金额；W 为当月参与考核返还并网主体总数；E_i^{wind} 为第 i 个并网主体月度平均运行容量；$E_{i,d}^{\text{wind}}$ 为第 i 个并网主体第 d 天的运行容量；D 为当月天数。

项目配置时仅研究单一参与主体，因此考核费用返还暂不考虑。

（2）约束条件

储能充放电功率约束：

$$P^{\text{max}} = 0.25\alpha \tag{6.13}$$

$$P_t^{\text{c}}, P_t^{\text{d}} \leqslant P^{\text{max}} \tag{6.14}$$

储能充放电状态约束：

$$s_t^{\text{c}} + s_t^{\text{d}} \leqslant 1 \tag{6.15}$$

储能荷电状态约束：

$$E^{\text{max}} = 0.25\alpha \tag{6.16}$$

$$S_t^{\text{SOC}} = S_{t-1}^{\text{SOC}} + \frac{(P_t^{\text{c}} s_t^{\text{c}} \eta^{\text{c}} - P_t^{\text{d}} s_t^{\text{d}}/\eta^{\text{d}})\Delta t}{E^{\text{max}}} \tag{6.17}$$

$$S^{\text{SOC,min}} \leqslant S_t^{\text{SOC}} \leqslant S^{\text{SOC,max}} \tag{6.18}$$

储能始末状态约束：

$$\sum_{t=1}^{96} P_t^{\text{c}} s_t^{\text{c}} \eta^{\text{c}} \Delta t = \sum_{t=1}^{96} \frac{P_t^{\text{d}} s_t^{\text{d}}}{\eta^{\text{d}}} \Delta t \tag{6.19}$$

（3）仿真结果

假如分散式储能单台规模为 250 kW/250 kW·h，根据所提方法，最优配置为 40 台，即总容量 10 MW/10 MW·h。与之相比，若配置同等规模集中式储能，需额外征地至少 666.67 平方米，费用根据地区不同差别较大。

随着储能总功率增加，功率预测考核成本明显下降，同时投资成本增加。若超过 70 台储能，即总容量 17.5 MW/17.5 MW·h 时，总成本将超过原本的考核成本，不具备经济效益，如图 6-15 可见。

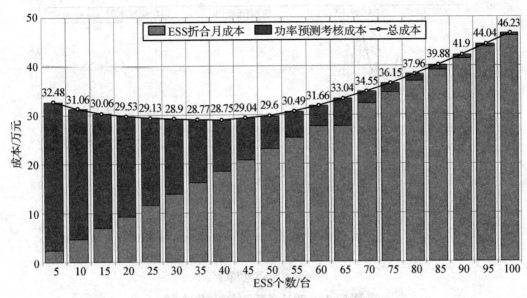

图 6-15 不同储能配置方案下的总成本

图 6-16 为某日储能放电曲线与优化后的功率出力曲线。为了保证储能寿命,一天 SOC 的始末状态设为 0.5。

优化得到场站级别储能总规模后,根据每个光伏子阵和风机的出力情况及箱变余量,综合考虑分散式储能的单体规模。分散式储能合理利用新能源场站每个箱变余量,相比于集中式储能新建扩容,具有合理利用资源、节约投资成本的优点。

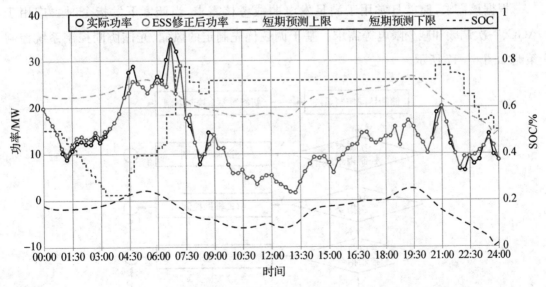

(a) 短期预测功率上下限

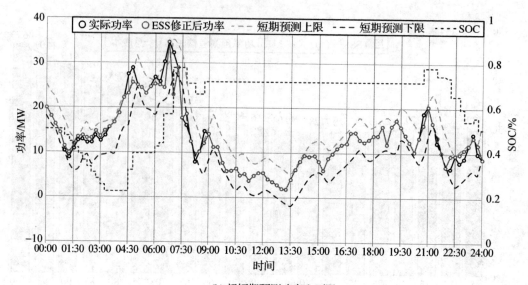

(b) 超短期预测功率上下限

图 6-16　2022 年某日储能优化结果

三、风储、光储一体化协同控制策略

项目考虑利用储能减少新能源场站并网运行考核(发电曲线考核、AGC 考核、一次调频考核)、限电损失和光伏电站夜间厂用电支出。

根据该需求,储能日常用于满足发电曲线考核需求,当调度下发指令时再应用于 AGC、一次调频和减少限电等需求。基于调频优先制定的风储、光储协同控制系统控制策略如图 6-17 所示。

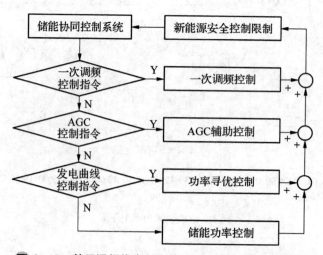

图 6-17　基于调频优先制定的风储、光储协同控制策略

1. 减少功率预测考核

相关公式与本节第二部分整体相似,但局部不同。本节第二部分针对一定时间尺度考虑储能运行经济性从而进行规模配置优化,本部分是针对下一时刻考虑储能运行经济性进行充放电指令优化。

(1) 目标函数

新能源与储能协同参与功率预测控制过程所产生的费用如下:

$$\min J = (F_1 + F_2 + F_3 + F_4) + I \tag{6.20}$$

式中:F_1、F_2、F_3、F_4 分别为中短期次日与第十日、超短期第 15 分钟与第 4 小时的功率预测考核费用;I 为储能充放电造成的功率损失。

$$f_{1,t} = \begin{cases} 0 & P_t^{P,\min} \leqslant P_t^{A} \leqslant P_t^{P,\max} \\ \lambda_1 E^{\text{wind}} & (P_t^{A} < P_t^{P,\min}) \text{or} (P_t^{A} > P_t^{P,\max}) \end{cases} \tag{6.21}$$

$$f_{2,t} = \begin{cases} 0 & P_t^{P,\min} \leqslant P_t^{A} \leqslant P_t^{P,\max} \\ \lambda_2 E^{\text{wind}} & (P_t^{A} < P_t^{P,\min}) \text{or} (P_t^{A} > P_t^{P,\max}) \end{cases} \tag{6.22}$$

式中:$f_{1,t}$ 为第 t 时刻的中短期功率预测考核;λ_1 为中短期功率预测的考核系数,取 1 元/MW;$f_{2,t}$ 为第 t 时刻的超短期功率预测考核;λ_2 为超短期功率预测的考核系数,取 0.4 元/MW。

对第 d 天第 t 时刻,考核预测功率点包括:第$(d-1)$天、第$(d-10)$天上报的中短期功率预测结果 $P_t^{P,1}$ 与 $P_t^{P,2}$;第$(t-\Delta t)$时刻、第$(t-12\Delta t)$时刻上报的超短期功率预测结果 $P_t^{P,3}$ 与 $P_t^{P,4}$。Δt 为时间间隔,取 15 min。

$$\begin{cases} F_1 = f_{1,t} & P^{P} = P_t^{P,1} & \xi = 10\% \\ F_2 = f_{1,t} & P^{P} = P_t^{P,2} & \xi = 30\% \\ F_3 = f_{2,t} & P^{P} = P_t^{P,3} & \xi = 3\% \\ F_4 = f_{2,t} & P^{P} = P_t^{P,4} & \xi = 13\% \end{cases} \tag{6.23}$$

对于江苏省新能源场站而言,上网电价为固定价格,因此不存在储能充放电套利,但是充放电过程中存在损耗,功率损失费用如下:

$$I = \lambda^{\text{grid}} \cdot \sum_{t=1}^{2880} (s_t^c P_t^c - s_t^d P_t^d) \Delta t \tag{6.24}$$

式中:λ^{grid} 为新能源场站上网电价;P_t^c、P_t^d 为第 t 时刻的储能充放电功率;s_t^c、s_t^d 为第 t

时刻的储能充放电状态,充电时 $s_t^c=1$ 且 $s_t^d=0$,放电时 $s_t^c=0$ 且 $s_t^d=1$,不运行为 0。

最终,利用粒子群算法求解得到充放电功率 P_t^{BESS}。

$$P_t^{BESS} = \begin{cases} -P_t^c & s_t^c=1 \\ P_t^d & s_t^d=1 \\ 0 & s_t^c+s_t^d=0 \end{cases} \tag{6.25}$$

（2）约束条件

$$P_t^c, P_t^d \leqslant P^{max} \tag{6.26}$$

$$s_t^c + s_t^d \leqslant 1 \tag{6.27}$$

$$S_t^{SOC} = S_{t-1}^{SOC} + \frac{(P_t^c s_t^c \eta^c - P_t^d s_t^d/\eta^d)\Delta t}{E^{max}} \tag{6.28}$$

$$S^{SOC,min} \leqslant S_t^{SOC} \leqslant S^{SOC,max} \tag{6.29}$$

$$\sum_{t=1}^{96} P_t^c s_t^c \eta^c \Delta t = \sum_{t=1}^{96} \frac{P_t^d s_t^d}{\eta^d} \Delta t \tag{6.30}$$

（3）实际运行曲线

图 6-18 为储能跟踪功率预测的实际运行曲线,以泗洪光伏场站、大有风电场功率预测偏差的典型工况为例,阐述分散式储能减少发电曲线考核的控制原则,如表 6-4 所示。

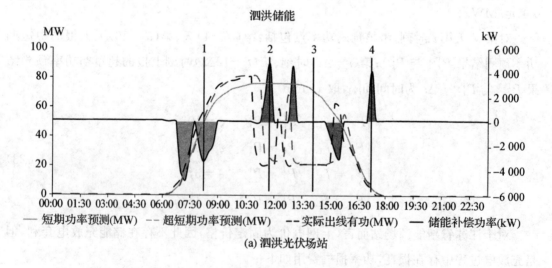

(a) 泗洪光伏场站

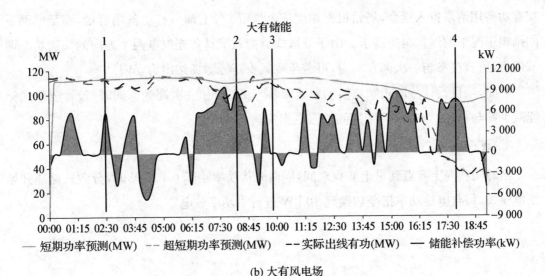

(b) 大有风电场

图 6-18 储能跟踪功率预测的实际运行曲线

表 6-4 储能跟踪功率预测的典型工况

场站	工况	实际功率	储能	原则
泗洪光伏场站	1	偏高	充电	同时满足短期和超短期功率预测控制需求
	2	偏低	放电	优先满足超短期功率预测需求 短期预测功率较高,无法满足
	3	与短期偏差太大; 与超短期偏差较小	不动作	/
	4	偏低	放电	同时满足短期和超短期功率预测控制需求
大有风电场	1	偏低	放电	同时满足短期和超短期功率预测控制需求
	2	与短期、超短期偏差较大	放电	优先满足短期功率预测控制需求
	3	与短期、超短期偏差较小	不动作	/
	4	与短期、超短期偏差较大	放电	优先满足超短期功率预测控制需求

2. 减少 AGC、一次调频考核

当电网需要新能源场站参与 AGC 调节或进行 AGC 性能测试时,调度将下发新的 AGC 指令,并对场站实际 AGC 响应性能进行考核。当前,光伏电站和风电场经常由于 AGC 响应速度和精度不达标而被考核,利用分散式储能系统灵活快速的功率调节能力,能够有效提升场站的 AGC 性能水平。

当电网需要新能源参与一次调频或者进行一次调频性能测试时,调度会下发一次调频有功备用请求投入指令,场站根据调度指令预留 6% 上调节有功备用容量,满足电网不同调频工况下的调频响应需求。由于分散式储能系统具备充放电两个方向的快速功率调节能力,可直接参与一次调频响应,可避免或减少新能源场站出力受限。

因此,项目设计分散式储能辅助新能源参与 AGC 和一次调频。同时,设计分散式储能减少参与 AGC 与一次调频期间的限电损失。

3. 减少光伏厂用电支出

当时间在晚上 6 点到早上 6 点之间,同时光伏功率小于 0.1 MW 时,分散式储能开始供电模式,每台电池功率指令切换到 10 kW 进行小功率放电。

第四节　技术创新

项目面向新型电力系统,提出一种主动支撑电网型的新能源场站分散式储能模式及整体解决方案。主要技术创新点包括:

(1) 提出一种新能源场站储能分散布置方法。项目实现了分散式储能适应多模式、多任务的高效集群化控制,降低风险程度、缩小事故范围、充分利用资源,节约投资成本、减少转换环节、增加发电效率。通过创新储能布置方法破解新能源配储的安全性与经济性难题。

(2) 提出一种新能源场站储能容量优化配置方法。通过考虑全寿命周期项目经济性,根据场站历史运行数据制定个性化储能配置方案,避免过度投资或者投资不足等情况。

(3) 研发了一种风储、光储直流耦合及功率解耦技术。项目实现了储能低压直流接入光伏子阵逆变器和风机变流器直流侧。进一步,研发了光储、风储功率解耦控制技术,解决了由于储能直流接入所产生的功率控制难题。

(4) 提出了主动支撑型风储、光储协同控制策略,开发了一体化协同控制系统。参考江苏省现行政策与细则,项目基于"分散布置、集中控制"原则,兼顾电池寿命,协同控制分散式储能用于减少新能源场站的并网运行考核、限电损失和光伏夜间厂用电支出,通过创新储能运行策略破解利用率困境。

第五节 应用情况及推广前景

一、应用情况

根据 2023 年上半年真实数据分析储能运行情况,如表 6-5 所示。表中,运行系数、利用系数和备用系数的计算方法如表 4-1 所示。

表 6-5 2023 年上半年某光伏与某风电的分散式储能应用情况

	光伏储能 (6:00~18:00)	风电储能	2022 年全国 新能源配储平均水平
运行系数	1.00	0.80	0.06
利用系数	0.16	0.21	0.03
备用系数	0.00	0.20	0.92
日均运行小时数①	24.00	19.20	1.44
日均利用小时数②	3.84	5.04	0.72
日均备用小时数③	0.00	4.80	22.08
日均等效利用次数④	0.47	2.67	0.22

储能利用系数需要折合成额定功率,因此更加能够体现使用情况。

基于对地方实施细则的理解,通过深挖储能应用场景,泗洪光伏储能平均利用系数达到0.16,大有风电储能平均利用系数达到0.21,是全国水平的5~7倍。

进一步,根据2023年上半年日均等效利用次数,计算度电成本(表6-6)。

表 6-6 泗洪光伏场站与大有风电场的分散式储能度电成本估算

	光伏储能	风电储能
规模	5.5 MW/11 MW·h	10 MW/10 MW·h
投资总额/万元	1948.00	2372.74

---

① 日均运行小时数＝运行小时数/天数
② 日均利用小时数＝实际传输电量折合成额定功率时的运行小时数/天数
③ 日均备用小时数＝备用小时数/天数
④ 日均等效利用次数＝充放电量之和/(额定能量×2)

续　表

	光伏储能	风电储能		
运维单位成本/(元/W)	0			
更换单位成本/[元/(W·h)]	1			
充放电效率	88%			
放电深度	90%			
循环衰退率	0.004%			
折现率	8%			
回收系数	5%			
循环寿命/次	6000			
年均循环次数/次	172(0.47×365)	975(2.67×365)		
全寿命周期/年	18	6	12	18
是否更换电池	不更换	不更换	第 7 年更换	第 7、第 13 年更换
度电成本/[元/(kW·h)]	1.30	0.66	0.61	0.59

　　由于光伏电站储能容量较大,因此年均循环次数较少。一般而言,储能循环寿命是6 000次,因此能够覆盖储能 18 年运营期,无需更换电池。大有风电储能年均循环次数较多,难以支撑 18 年运营期,根据目前平均日循环 2.67 次,只能运行 6 年。因此,考虑第 7年、第 13 年更换电池,成本按 1 元/(W·h)计,发现:运营期越长,度电成本越低。

　　特别说明:由于分析仅基于 2023 年上半年运行数据,因此结果仅供参考,不能代表全寿命周期内的储能技术参数。随着储能循环次数的改变,数据结果可能受到影响。

二、推广前景

　　项目成果推动地方政策。2022 年 8 月,江苏发改委印发《江苏省"十四五"新型储能发展实施方案》提到:鼓励在新能源电站内外就近布置集中或分散式储能,改善新能源项目涉网性能。

　　项目成果编入行业标准。2023 年 6 月,国家能源局批准《新能源基地送电配置新型储能规划技术导则》提到:分散布置新型储能电站可考虑在新能源场站或新能源汇集站布置,主要作用为平抑新能源出力波动、减少新能源弃电。

　　2023 年,分散式储能正在江苏某 74 MW 风电场、43.2 MW 风电场以及某 80 MW 渔光互补电站进行复制、推广。

第六节 改进方向

项目团队将深挖已投运分散式储能项目的技术优势和改进空间,并在四个方面进行发力突破、求取实效。

(1) 推进项目复制推广

分散式储能将在多个新能源场站推广应用,不断优化实施方案、控制成本造价,提升整体经济性。

(2) 改进系统运行策略

项目团队积累运行数据,根据江苏省级调度中心公布的并网运行考核结果,不断改进运行策略,提升储能应用效果。

(3) 丰富储能应用场景

项目团队正在挖潜储能应用场景,积极做好引领示范,下一步工作:一是联合电网实现分散式储能协助新能源虚拟惯量响应;二是分散式储能接入综合智慧零碳电厂平台;三是为分散式储能联合新能源参与电力市场做好技术储备。

此外,项目可以尝试在不同省份部署分散式储能技术,根据不同地方的政策与细则灵活设计风储、光储运行策略。

(4) 构建数字运维体系

安全性是储能发展的先决条件,有必要建立储能数字化运维体系。无需检修即可发现早期劣化储能单元,事故提前预警预测,实现储能安全工作焦点从严重事故向安全风险因素转变。项目团队正在形成储能监测运维体系相关技术储备。

面对新能源配储投资成本昂贵、盈利模式匮乏、整体利用率低等发展困境,项目提出"新能源+分散式储能"应用模式,无需征地、无需扩容,对生态环境影响小。同时,项目自主研发风储、光储一体化协同控制系统,结合地方政策灵活设计控制策略,深挖储能应用价值,改善新能源涉网性能,保障新能源高效利用。

项目为新能源场站布置储能提供了新模式、新思路,适用于存量、新建新能源场站,并形成一种可复制、可推广的系统友好型"新能源+分散式储能"电站典型案例,能够推动新能源产业高质量、规模化发展,助力国家"双碳"目标早日实现。

第七章

电化学储能安全运维管理

安全性是储能产业发展的先决条件,要克服安全隐患,除了保证储能系统"本质安全"外,必须重视"主动安全"。

第一节　电化学储能安全概述

在政策引导下,新能源配储项目建设如火如荼,但是项目落地之后将面临如下问题:

(1) 新型储能安全管理仍需加强

国内外储能事故频发,究其根本是电池系统缺陷、应对电气故障的防控体系缺失、储能系统综合管理体系欠缺。

消防标准虽规定了电站事故后的消防灭火措施,但是事故发展到消防阶段已造成了设备损坏和电站停运损失。此外,消防的目的在于防止电池单体热失控蔓延造成严重燃爆事故和人身伤害,并不能从根本上避免储能安全事故。

(2) 新型储能数字运维体系亟须建立

储能普遍采用定期检修策略,检修周期以及计划固定,难以及时发现安全隐患;并且,储能元件数量多、故障类型多,离线检测的防控方法耗时长、成本高、运检工作量大,检修效率低。

此外,储能运维涉及电气、化学、控制等多专业,当前储能运维模式粗放甚至缺失,运检人员专业性有待提升。

第二节　电化学储能安全标准

2023 年 7 月开始实施的《电化学储能电站安全规程》(GB/T 42288—2022),规定了电化学储能电站设备设施、运行维护、检修试验、应急处置的安全要求。下文将提炼具体要求。

一、总体要求

(1) 应建立健全全员安全生产责任制和安全生产规章制度,包括工作票、操作票、交接班制度、巡视检查制度、设备定期试验和轮换制度、岗位责任制、人员管理制度、设备管理制度、特种设备管理制度、动火管理制度、安全设施和安全工器具管理制度、环境管理制度、危险物品安全管理制度、危险源安全管理制度、安全监督检查制度、消防安全管理制度、反违章工作管理制度。

(2) 应构建安全风险分级管控和隐患排查治理双重预防制度,定期开展危险源辨识和风险评价,并做好反事故措施。

(3) 应制定生产安全事故应急救援预案,包括电池热失控、火灾、触电、机械伤害、自然灾害等。

(4) 应编制现场运行规程、检修规程,评估电池健康状态和性能衰减趋势,适当调整运行参数,制定运行维护检修策略。

(5) 应制订安全生产教育和培训计划,定期开展安全生产规章制度和安全操作规程、岗位安全操作技能、安全工器具和消防器材的使用方法、故障处理和应急处置等方面的专业培训。

(6) 消防设备设施应符合 GB 50016—2014 和 GB 51048—2014 相关规定。

(7) 安全工器具应定期检验,合格后方可使用。

(8) 作业应在规定区域内进行,现场应采取安全保障措施,作业人员应佩戴响应的劳动防护用品。

(9) 输、变、配电的电气设备安全工作应符合 GB 26860—2011 相关规定,线路安全工作应符合 GB 26859—2011 相关规定。

二、设备设施

表 7-1 电化学储能设备设施安全规程

序号	要求
5.1　一般规定	
5.1.1	储能电池、电池管理系统、储能变流器等设备应通过**型式试验**,选型和配置应满足应用需求。
5.1.2	变压器、断路器、屏柜、照明等设备应符合 GB 51048—2014。
5.1.3	➤ **继电保护**及安全自动装置应符合 GB/T 14285—2023。 ➤ **涉网保护**配置及定值整定应符合 GB/T 36547—2024。
5.1.4	站用电源、站用直流系统及交流不间断电源系统配置应符合 GB 51048—2014。
5.1.5	设备设施应在明显位置防止禁止、警告、指令、提示等标志,样式应符合 GB 2894—2008。
5.1.6	各舱室的温度、相对湿度等**运行环境**条件应符合设备设施的技术要求。
5.1.7	电气设备应满足相应电压等级的设备**绝缘耐压**要求,并符合 GB/T 16935.1—2023、GB/T 21697—2022、GB/T 50064—2014。
5.1.8	设备设施应可靠**接地**,直流侧接地应符合 GB/T 16895.1—2023,交流侧接地应符合 GB/T 50065—2011。
5.1.9	➤ 锂离子电池、铅酸(炭)电池、液流电池储能电站**建筑物耐火等级**、**防火间距**应符合 GB 51048—2014。 ➤ 水电解制氢/燃料电池系统**爆炸危险区域等级划分**、**防火间距**符合 GB 50177—2005。
5.2　储能电池	
5.2.1	➤ 电池应无变形、漏液,电池极柱、端子、连接排应连接牢固,裸露带电部位应采取**绝缘遮挡措施**。 ➤ 电池阵列应具有在短路、起火或其他紧急情况下迅速断开直流回路的措施,宜配置**直流电弧保护装置**。
5.2.2	电池模块外壳、接插件、采集和控制线束、动力电缆等部件应采用**阻燃材料**。
5.2.3	电池阵列支架应无损伤、变形,其**机械强度**应满足承重要求。
5.2.4	**液流电池**电堆外观无变形或损坏,电解液循环系统管道、储罐、积液池应无变形、破损或裂痕,电解液循环系统各连接处应无漏液,阀门开合应无卡涩,过滤器压差应在规定范围内。
5.2.5	**水电解制氢/燃料电池**系统氢气储罐和管道的承压能力、设计温度和抗氢渗透的材质性能以及压力表、氢气压力泄放装置、吹扫置换接口等安全附件的配置应符合 GB/T 29729—2022。
5.2.6	**燃料电池**系统阀门、压缩机、水泵等辅助设备的排放、关断、泄压功能和材质承压能力应符合 GB/T 31036—2014。
5.2.7	电池阵列、水电解制氢/燃料电池系统连接的直流导体极性应能通过导体颜色、识别标志等明确区分。

序号	要求
5.2.8	**水电解制氢/燃料电池**系统应采取防静电措施。
5.2.9	**钠离子电池**电性能、环境适应性、耐久性、安全性能应符合 GB/T 36276—2023。
5.2.10	**铅炭电池**电性能、环境适应性、耐久性、安全性能应符合 GB/T 36280—2023。
5.2.11	**全钒液流电池**电气安全、气体安全、液体安全、机械安全以及贮存应符合 GB/T 34866—2017。
5.2.12	**梯次利用电池**应进行外观、极性、绝缘、充放电功率、充放电能量的检测和分类。
5.3　储能管理系统	
5.3.1	具有电压、电流、温度、压力、流量、气体浓度、液位、绝缘电阻的**采集功能**，采集误差和周期应符合 GB/T 34131—2023。
5.3.2	具有通信、报警和保护、控制、状态估算、参数设置、数据存储、数据统计、自诊断和时间同步等**功能**，并符合 GB/T 34131—2023。
5.3.3	电压、电流、温度、压力等**保护设定值**应满足安全运行要求。
5.3.4	绝缘耐压、环境适应性、电气适应性、电磁兼容性应符合 GB/T 34131—2023。
5.3.5	线束应采用**阻燃材料**，电气接口宜采用防呆设计。
5.4　储能变流器(PCS)	
5.4.1	充放电、功率控制、并离网切换、保护、通信、自检等**功能**应符合 GB/T 34120—2023。
5.4.2	电压、电流、温度等**保护设定值**应满足安全运行要求。
5.4.3	绝缘耐压、环境适应性、电气适应性、电磁兼容应符合 GB/T 34120—2023。
5.4.4	交流侧和直流侧均应配置**断路器**。
5.5　监控系统	
5.5.1	具备数据采集处理、监视报警、控制调节、自诊断及自恢复等功能。
5.5.2	具备**手动控制和自动控制**两种控制方式，自动控制应可投退。
5.5.3	配置**不间断电源**，要求符合 GB/T 7260.1—2023。
5.5.4	设备应具备抗电磁干扰能力。
5.5.5	设备应采用电化学储能电站公用接地网接地。
5.5.6	**网络安全配置**应符合 GB/T 36572—2018。
5.5.7	具备不同安全等级的**操作权限配置**功能。
5.6　消防设施	
5.6.1	建(构)筑物及设备**防火间距**应符合 GB 51048—2014。
5.6.2	设置**火灾自动报警系统**，火灾自动报警系统设计应符合 GB 50116—2013，火灾报警控制器应符合 GB 4717—2005。
5.6.3	储能变流器室、主控室、继电器及通信室、配电装置室、电缆夹层及电缆竖井变压器等建(构)筑物和设备应设置**火灾探测器**，火灾探测器类型应符合 GB 51048—2014。

序号	要求
5.6.4	电池室/舱内应设置可燃气体探测器、温感探测器、烟感探测器等**火灾探测器，每个电池模块可单独配置探测器**。
5.6.5	➤ 电池室/舱外及值班室应配置**气体浓度显示和提示报警装置**。 ➤ 电池室/舱外应设置**手动火灾报警按钮、紧急启停按钮**。
5.6.6	**水电解制氢/燃料电池系统应设置氢气检测报警系统**，氢气探测器应安装在最有可能积聚氢气的位置。
5.6.7	**水电解制氢/燃料电池系统应设置紧急切断系统**，在事故状态下能迅速切断站内各氢气压缩设备、氢气存储设备、氢气管道等涉氢设备的动力电源和关闭可燃介质管道阀门。紧急切断系统应具有失效保护功能、由手动启动的紧急切断按钮远程控制，同时应至少在下列位置设置紧急切断按钮： a. 燃料电池及制氢装置房间内；b. 现场作业人员容易接近的位置；c. 控制室或值班室内。
5.6.8	电化学储能电站应设置**消防给水系统**，电化学储能电站消防给水量、消火栓设计流量和适用火灾延续时间等应符合 GB 51048—2014。
5.6.9	电化学储能电站**建筑灭火器配置**应符合 GB 50148—2014。
5.6.10	电池室/舱应设置**自动灭火系统**，锂离子电池室/舱自动灭火系统的最小保护单元宜为电池模块，每个电池模块可单独配置灭火介质喷头或探火管。自动灭火系统应具备远程自动启动和应急手动启动功能，自动灭火系统喷射强度、喷头布置间距等设计参数应符合 GB 51048—2014 的相关规定。灭火介质应具有良好的绝缘性和降温性能，自动灭火系统应满足扑灭火灾和持续抑制复燃的要求。
5.6.11	电化学储能电站消防系统、通风空调系统、视频与环境监控系统之间应具备**联动功能**，消防联动控制设计应符合 GB 50116—2013，消防联动控制系统应符合 GB 16806—2006。
5.6.12	火灾报警系统应设置**交流电源**和**直流备用电源**，备用电源输出功率和容量应符合 GB 50116—2013。
5.7　供暖通风和空调系统	
5.7.1	电池室/舱应装设**环境温湿度控制系统、防爆型通风装置**，电池室/舱外应设置排风开关。
5.7.2	电池室/舱通风与空调系统中的风管、风口、阀门及保温材料等应采用难燃材料，**通风量**应符合 GB 51048—2014。
5.7.3	**水电解制氢/燃料电池系统涉氢设备或管道放置房间均应设置机械排风系统**，并与氢气检测报警系统联锁控制。
5.8　预制舱	
5.8.1	预制舱表面**防腐蚀**应满足使用环境条件要求，舱体防护等级应不低于 IP54。
5.8.2	预制舱壁板、舱门应进行**隔热处理**，预制舱外壳、隔热保温材料、内外部装饰材料等应为难燃性材料。
5.8.3	预制舱应设置**接地**，接地设计应符合 GB/T 50065—2011。
5.9　其他设备设施	
5.9.1	电化学储能电站出口、疏散通道，应符合**紧急疏散**要求并在醒目位置设有明显标志。
5.9.2	电化学储能电站锂离子电池厂房内任一点至最近**安全出口**的直线距离应符合 GB 51048—2014。

续 表

序号	要求
5.9.3	电化学储能电站**消防通道**应保持畅通,设计应符合 GB 50016—2011。
5.9.4	电化学储能电站设备**设施布置**应留出巡视、检修等工作的操作空间。
5.9.5	电化学储能电站宜配置**视频监控和安防系统**。
5.9.6	电化学储能电站设备室/舱、隔墙、电池架、隔板等管线开孔部位和电缆进出口应采用防火封堵材料进行封堵,**电缆防火封堵**应符合 DL/T 5707—2014。
5.9.7	设备室/舱通风口、孔洞、门、电缆沟等与室/舱外相通部位,应设置防止雨雪、风沙、小动物进入的设施。
5.9.8	电池室/舱门应向**疏散**方向开启,并能自行关闭,用于疏散的门应从内向外开。

三、运行维护

表 7-2 电化学储能运行维护安全规程

序号	要求
6.1 一般规定	
6.1.1	电化学储能电站应**实时监视**电池及电池管理系统、储能变流器、直流系统、站用电系统等运行工况。
6.1.2	➤ 电化学储能电站应**定期**对电池及电池管理系统、储能变流器、消防系统、空调系统、直流系统、站用电系统等设备设施进行**巡视检查**。 ➤ 进入电池室/舱巡视检查前应采取**通风**措施。 ➤ 设备新投入、经过大修或发生异常等**特殊情况**应加强监视和巡视检查。
6.1.3	电化学储能电站**并网**和**解列**操作安全应符合 GB 26860—2011。
6.1.4	电化学储能电站对站内设备设施进行**维护**工作时应采取安全防护措施。
6.1.5	电化学储能电站发生**事故**时,应立即启动应急预案及现场处置方案,并按有关要求如实上报事故情况。
6.1.6	属于**电网调度机构管辖设备**发生异常或事故时,应立即报告调度值班人员,并按现场运行规程和电网调度指令对故障设备隔离及处理。
6.1.7	电化学储能电站交**接班**发生异常或事故时,应停止交接班,并对异常或事故及时处理。
6.2 电池及电池管理系统	
6.2.1	运行中,应**实时监视**电池的电流、电压、温度、电量、压力、流量等状态参数。
6.2.2	➤ 电池运行中应**定期巡视**、检查电池有无破损、变形、漏液、异味、异响等现象。 ➤ **液流电池**应定期巡视、检查电解液循环系统、热管理系统、电堆表面有无腐蚀或漏点。 ➤ **水电解制氢/燃料电池系统**应定期巡视、检查气体纯度、压力、温度、流量等参数是否正常。
6.2.3	**水电解制氢/燃料电池系统**短暂**停机**时,涉氢设备应保持正压状态。在投入运行前、长期停用前,均应采用氮气进行吹扫置换。

序号	要求
6.2.4	➤ 电池管理系统运行中,应检查电池管理系统指示灯、通信、显示器、电源是否正常。 ➤ 当**电池管理系统**出现告警、通信中断、死机、保护动作等**异常情况**时,应及时处理。
6.2.5	**电池**出现下列情况时,应**停止运行**并处理: a. 锂离子电池、铅酸(炭)电池壳体变形、鼓胀,出现异味。 b. 电池壳体破损、泄压阀破裂、电解液泄漏。 c. 电池单体欠压、过压、过温、过流。 d. 液流电池热管理系统故障、电解液循环系统故障。 e. 电池冒烟、起火等其他需要停电处理的异常及故障。
6.2.6	**电池维护**时,应将储能变流器停机,断开储能变流器交流侧、直流侧断路器及相关各级直流断路器、隔离开关。
6.2.7	电池及电池管理系统发生**报警或联锁停机**时,应查明原因,不应随意改变保护设定值或取消联锁。

6.3　储能变流器(PCS)

序号	要求
6.3.1	运行中,应**实时监视**温度、电压、电流等参数。当出现报警、保护动作、通信中断等异常情况时,应现场检查并及时处理。
6.3.2	运行中,应**定期巡视**检查有无报警、保护动作、通信异常、指示灯故障、异响、异味等异常及故障。当发生故障时,应将储能变流器及时停运处理。
6.3.3	PCS**维护**时,应将储能变流器停机,断开储能变流器交流侧、直流侧断路器,采取相应的安全措施。
6.3.4	在巡视检查和现场操作过程中发生紧急情况下**无法及时停机**时,应使用就地紧急按钮。异常停机后,在未查明原因前,不应重新投入运行。

6.4　监控系统

序号	要求
6.4.1	应与电池管理系统、储能变流器、继电保护与安全自动装置、消防系统、采暖通风与空气调节系统等**正常通信**,且遥测、遥信、遥控、遥调等功能正常。
6.4.2	进行**维护**工作时,应采取防止远程启停机和误分合开关的安全措施。
6.4.3	应对不同职责人员配置不同安全等级的**操作权限**,不应将无关存储设备插入监控主机中使用。
6.4.4	出现**异常情况**时,应自动切换到备用系统中并及时检查处理。

6.5　其他设备设施

序号	要求
6.5.1	**电池支架、机柜、预制舱箱体**应定期巡视检查外观有无损伤、变形、腐蚀等情况。
6.5.2	**消防系统**应定期检查压力、指示灯、备用电源等是否正常,应定期检测气体浓度显示和报警装置、火灾探测器和自动报警系统功能是否正常。
6.5.3	**空调系统**应定期检查和补充空调冷却介质,定期清洗空调滤网。电池室/舱内空调无法正常工作时,应停运对应的储能系统。
6.5.4	**电力电缆、线路**运行维护安全应符合 GB 26859—2011。
6.5.5	**继电保护和安全自动装置**运行维护、异常及故障处理应符合 DL/T 587—2016。

序号	要求
6.5.6	**变电升压设备**运行维护、异常及故障处理应符合 DL/T 969—2005,操作安全应符合 GB 26860—2011。
6.5.7	**电力通信**运行维护、异常及故障处理应符合 DL/T 544—2012。
6.5.8	**电力调度自动化系统**运行维护、异常及故障处理应符合 DL/T 516—2017。

四、检修试验

表 7 - 3　电化学储能运行维护安全规程

序号	要求
7.1　一般规定	
7.1.1	➤ 电化学储能电站应根据设备运行状态、维护记录等制定**检修计划**。 ➤ 根据检修情况和运行状态,制定修后试验和定期涉网试验、设备试验计划,编制检修方案、试验方案,制定安全措施。
7.1.2	电化学储能电站**涉网设备**检修和试验工作应向调度机构提出申请,获批后实施。
7.1.3	**储能变流器、高压断路器、隔离开关**等设备检修前,设备"远方/就地"控制方式应设置在"就地"方式。
7.1.4	电化学储能电站**室外检修**和试验应避开雷雨等极端天气。
7.1.5	电化学储能电站**检修和试验过程中**,应禁止非作业人员进入作业现场。
7.1.6	电化学储能电站**检修和试验过程中**,作业现场应采取通风措施,照明应适应作业要求,检修电源应符合 GB 26860—2011。
7.1.7	电化学储能电站设备**检修后**,应核对设备运行参数及保护定值。
7.1.8	电化学储能电站设备**检修后**,应对影响安全运行的设备进行性能试验。
7.2　电池及电池管理系统	
7.2.1	**电池检修前**,应断开一次回路交直流断路器、隔离开关,并在储能变流器交流侧装设接地线,悬挂安全警示牌。
7.2.2	**电池更换前**,应确认电池更换前后规格型号一致,调整更换后电池电压一致性偏差。
7.2.3	**锂离子电池更换前**,新电池应进行绝缘性能试验,结果应符合 GB/T 36276—2023。
7.2.4	**铅炭电池更换前**,新电池应进行绝缘性能试验,结果应符合 GB/T 36280—2023。
7.2.5	**液流电池电堆检修和更换前**,应排空电解液,新电堆应进行绝缘性能试验,全钒液流电池电堆试验结果应符合 GB/T 32509—2016。
7.2.6	**水电解制氢/燃料电池系统检修前**,应断开相应的电源、气源,并应采取吹扫置换、通风等安全措施。

续　表

序号	要求
7.2.7	**电池检修过程中,**应采取防止电池正负极短路、反接和人员触电的措施。
7.2.8	**电池检修后,**电池充放电能量及效率应符合 GB/T 36558—2023。
7.2.9	**液流电池和燃料电池检修后,**应对检修部分进行耐压试验和气密性试验。应无变形、压降、泄漏。
7.2.10	**电池试验过程中,**应监视电池电压、电流、温度、压力、流量等状态参数。
7.2.11	**电池管理系统更换前,**应确认更换前后电池管理系统型号、软件版本一致或功能兼容。
7.2.12	**电池管理系统检修和试验过程中,**应采取设备防静电措施。
7.2.13	**电池管理系统检修或更换后,**应进行故障诊断、保护、控制、通信功能试验,试验结果应符合 GB/T 34131—2023。
7.2.14	**水电解制氢/燃料电池系统特种设备检修作业**应符合 GB/T 37563—2019。
7.3　储能变流器(PCS)	
7.3.1	**检修前,**应采取以下安全措施: a. 将储能变流器停机,"远方/就地"控制方式设置为"就地"方式。 b. 断开储能变流器交流侧和直流侧断路器,并在交流侧和直流侧断路器操作把手上悬挂"禁止合闸,有人工作"安全警示牌。 c. 对储能变流器交直流侧电压进行检测并采取接地措施。 d. 对储能变流器内部电容器进行放电。 e. 对检修中有可能触碰的相邻带电设备采取停电或绝缘遮蔽措施。
7.3.2	**检修功率模块时,**应采取防静电措施。
7.3.3	**采集、通信、保护、控制等回路检修后,**应进行相应的功能试验,试验结果应符合 GB/T 34120—2023。
7.4　监控系统	
7.4.1	**主要部件更换前,**应确认更换前后主要部件型号一致或功能兼容。
7.4.2	**软件版本升级后,**应对升级后的功能进行试验,软件功能应正常。
7.4.3	**检修和试验过程中,**应采取设备防静电措施。
7.4.4	**检修后,**数据采集处理、监视报警、控制调节、自诊断及自恢复等功能应正常。
7.5　其他设备设施	
7.5.1	**电力电缆、线路检修和试验安全**应符合 GB 26859—2011。 **变电升压设备、低压配电设备检修和试验安全**应符合 GB 26860—2011,高压试验安全应符合 GB 26861—2011。
7.5.2	电化学储能电站内**消防系统检修后,**应按照 XF 503—2004 进行检查和测试。

五、应急处理

(1)电化学储能电站应编制影响安全运行的气体/液体泄漏、冒烟、火灾、爆炸等异常情况的应急预案。

（2）电化学储能电站发生事故时，应立即处理并进行上报。电网调度机构管辖设备出现异常情况、突发事件，还应立即报告调度值班人员。

（3）根据事故灾难或险情严重程度启动相应应急预案，超出电站应急救援处置能力时，应及时报告上级应急救援指挥机构启动应急预案实施救援。

（4）锂离子电池、铅炭电池、液流电池发生电解液大量泄漏、电池室/舱内可燃气体浓度超标等异常情况时，应立即采取停机措施，启动通风系统并加强监视，启动相应的应急预案。

（5）锂离子电池、铅炭电池发生冒烟、起火、爆炸时，应立即采取停机措施，切断储能系统电气连接，保留通风、监视、消防、安防系统用电。根据现场情况判断火情，采取相应的灭火处置措施并报警；如发生直接危及人身安全的紧急情况时，人员应立即撤离，启动相应的应急预案。

（6）水电解制氢/燃料电池系统发生氢气泄漏、液氢溢出时，应立即切断泄漏源，启动通风系统，启动相应的应急预案；水电解制氢/燃料电池系统发生火灾、爆炸等异常情况，应立即启动应急预案。

（7）电化学储能电站电池室/舱发生气体泄漏、液体泄漏、可燃气体浓度超标、冒烟等异常情况时，人员进入事故现场前应佩戴个人防护用品。

（8）电化学储能电站发生人员触电、机械伤害、高空坠落等事故时，应根据伤情对受伤人员进行现场施救，伤情严重时启动相应的应急预案。

第三节　电化学储能事故分析

安全问题成为储能大规模应用的首要障碍。

一、储能事故统计

1. 从国内 2022 年非计划停运情况来看

2022 年,全国电化学储能项目非计划停机达到 671 次,单次平均非计划停运时长 34.93 小时,单位能量非计划停运次数 24.45 次/100 MW。其中,BMS 系统异常是电化学储能电站非计划停运的主要原因,停运次数占比 43%。但是,BMS 系统异常恢复最快,单次平均非计划停运时长仅为 3.65 小时。相比之下,PCS、电池等电站关键设备异常导致的非计划停运时长最长,分别为 60.98 小时和 55.74 小时。如图 7-1 所示,电化学储能的安全管理规范有待进一步提升。

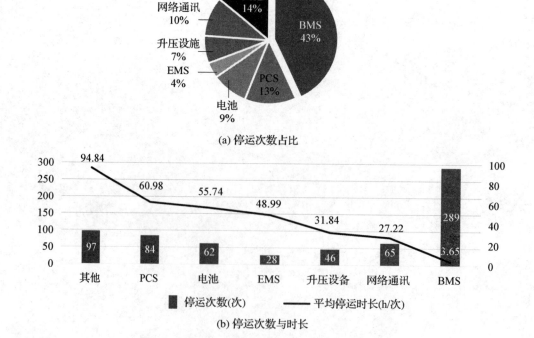

(a) 停运次数占比

(b) 停运次数与时长

图 7-1　全国电化学储能 2022 年非计划停运情况

2. 从全球近 5 年的储能安全事故来看

2021 年全球储能市场爆发,大规模储能项目越来越多,单个储能项目规模越来越大,储能安全隐患也随之增大。

表 7 - 4　2017 年至 2023 年全球储能电站事故公开信息不完全统计

国别	时间	地区	储能规模	电池类型	用途	状态
中国	2017.03	山西	9 MW	三元锂	火储调频	充电后等待
	2018.08	江苏	/	磷酸铁锂	需求管理	充电
	2019.05	北京	2 MW·h	锂	用户侧	运行维护
	2021.04	北京	10 MW/40 MW·h	磷酸铁锂	光储充	安装调试
	2022.03	台湾	/	三元锂	用户侧	充电
	2022.10	海南	25 MW/50 MW·h	磷酸铁锂	光储	调试
韩国	2017.08	高昌	1.46 MW·h	磷酸铁锂	风储	安装
	2018.05	庆北	8.60 MW·h	三元锂	调频	检修
	2018.06	金南	14.00 MW·h	三元锂	风储	检修
	2018.06	金南	18.96 MW·h	三元锂	光储	充电后等待
	2018.07	金南	2.99 MW·h	三元锂	光储	充电后等待
	2018.07	居昌	9.70 MW·h	三元锂	风储	充电后等待
	2018.07	世宗	18.00 MW·h	锂	需求管理	安装
	2018.09	济州	0.18 MW·h	三元锂	光储	充电
	2018.09	忠北	5.99 MW·h	三元锂	光储	充电后等待
	2018.09	忠南	6.00 MW·h	锂	光储	安装
	2018.10	京畿	17.70 MW·h	三元锂	调频	检修
	2018.11	庆北	3.66 MW·h	三元锂	光储	充电后等待
	2018.11	忠南	1.22 MW·h	三元锂	光储	充电后等待
	2018.11	忠北	4.16 MW·h	三元锂	光储	充电后等待
	2018.11	庆南	1.33 MW·h	三元锂	光储	充电后等待
	2018.12	忠北	9.32 MW·h	三元锂	需求管理	充电后等待
	2018.12	江源	2.66 MW·h	三元锂	光储	充电后等待
	2019.01	庆南	3.29 MW·h	锂	需求管理	充电后等待
	2019.01	金南	5.22 MW·h	锂	太阳能	充电
	2019.01	金北	2.50 MW·h	三元锂	光储	充电后等待
	2019.01	蔚山	46.76 MW·h	三元锂	需求管理	充电后等待

国别	时间	地区	储能规模	电池类型	用途	状态
韩国	2019.05	庆北	3.66 MW·h	三元锂	光储	充电后等待
	2019.05	金北	1.03 MW·h	三元锂	光储	充电后等待
	2019.09	江原	40 MW/21 MW·h	锂	风储	/
	2019.10	庆南	1.3 MW·h	锂	光储	/
	2021.03	庆北	1.5 MW·h	三元锂	光储	/
	2021.04	忠南	10 MW·h	三元锂	光储	/
	2022.01	蔚山	50 MW	锂	/	/
	2022.01	蔚山	0.45 MW/1.5 MW·h	锂	光储	/
美国	2019.04	亚利桑那	2 MW/2.16 MW·h	三元锂	需求管理	充电
	2021.07	伊利诺伊	3 MW	磷酸铁锂	调频	/
美国	2021.09	加利福尼亚	300 MW/1 200 MW·h	三元锂	光储	充电
	2022.02	加利福尼亚	300 MW/1 200 MW·h	三元锂	光储	充电
	2022.04	加利福尼亚	140 MW/560 MW·h	锂	独立储能	/
	2022.04	亚利桑那	10 MW/40 MW·h	锂	独立储能	/
	2022.09	加利福尼亚	182.5 MW/730 MW·h	磷酸铁锂	独立储能	充电
澳大利亚	2021.07	维多利亚	300 MW/450 MW·h	磷酸铁锂	独立储能	调试
德国	2022.05	卡尔夫	6.5 kW	/	户用光储	/

注:上表不完全统计来源于网络,"/"代表网上未检索到公开信息。

从上述全球储能安全事故来看,韩国储能电站发生火灾安全事故的数量和比率处于全球首位。因此,2019年6月,韩国组织相关电池厂家及研究机构对其境内储能安全事故开展了调查及分析。

经过对相关事故的调研及验证性测试,调查团队将储能电站事故致因总结为:电池系统缺陷、应对电气故障的保护系统不周、运营环境管理不足、储能系统综合管理体系欠缺。其中,电池内部及成组问题、外部电气故障、电池保护装置(直流接触器爆炸)、水分/粉尘/盐水等造成的接触电阻增大及绝缘性能下降等问题将可能直接诱发电池热失控。

从电池类型来看,三元锂离子电池事故最多。

从事故触发阶段的统计结果(图7-2)来看,充电后等待阶段的事故发生占61%。在充电后等待阶段中,电池本体通常处于高SOC状态,一方面更易受外部滥用触发热失控,另一方面电池可能存在局部过充问题,由电池本体引发的系统安全事故概率显著上升。

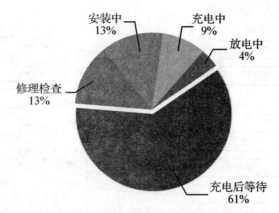

图 7 - 2　韩国调研机构统计其境内储能安全事故发生阶段

锂离子电池本体需要工作于适宜的电压、电流、温度及 SOC 等参数的安全窗口内。过充、过放、过电流、过热等滥用行为以及电池内部短路是导致电池安全状态演化至热失控的直接原因。

很多事故的直接起因并不一定是电池。但是,锂离子电池是导致事故发展难以控制的关键因素。安全事故往往在运行过程中发生,电池随着运行发生老化,性能衰减,电池间不一致性不断加大,安全风险也不断增大。

事故调查报告也表明,当前为有效预防储能事故、控制事故危害,除了关注电池安全之外,在热失控演化过程中提出防控措施是必要且关键的。

二、储能事故诱因

储能安全问题是系统性问题,储能事故的发生往往由多因素交互作用演化发展,最终导致电池滥用及热失控的发生,如图 7 - 3 所示。安全事故成因划分为电池本体、外部激源、运行环境及管理系统四类。

1. 电池本体

由电池本体诱发的安全事故主要包括:电池制造过程的瑕疵以及电池老化带来的储能系统安全性退化两方面。电池本体因素也是外部激源及管理系统失效产生的原因之一。

鉴于电池本体因素的长周期演化特征,研究如何通过电池内部老化机理、电池间不一致性演化以及对应的外部参数变化,实现对储能系统安全性演化趋势的预测和早期预警,是当前锂电池储能系统安全管理亟需突破的重点。

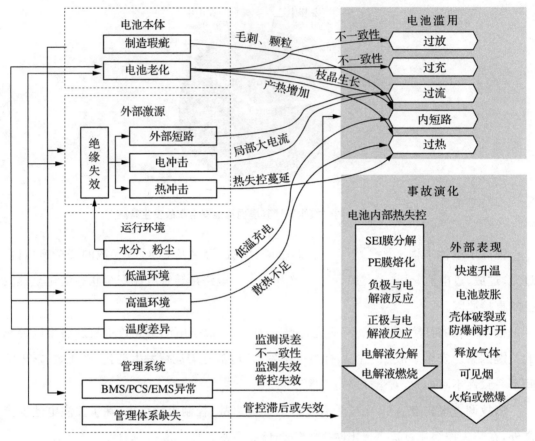

图 7-3　储能事故诱发因素及其交互关系

2. 外部激源因素

外部激源包括：绝缘失效造成的电流冲击及外部短路等问题，也包括除电池外部件高温产热造成的热冲击，以及某电池热失控后触发的热失控蔓延过程。

（1）外部短路将直接导致电池迅速升温。老化电池因为内阻变化的原因，同一短路条件下（SOC、短路电阻相同）可能更容易过热。

（2）电冲击可能造成电池保护装置的损坏甚至爆炸，进而造成保护装置附件的二次短路事故发生，产生火灾，并以热冲击的形式作用于电池。

（3）热冲击将直接造成电池单体或模块过热，有可能演化为热失控。触发热冲击的原因包括连接件老化故障产生的电弧、热失控电池瞬时大量放热给附近电池等。如果电池散热条件良好或配备有足够强度的主动热管理措施，通往热失控的路线能够被切断，就可以避免严重的危害发生。

因此，严格监控电池表面温度，通过主动降温等热管理措施避免其超过自加热温度，是降低电池失效和过热发生热失控的有力措施。

3. 运行环境因素

运行环境管理不善将逐渐影响电池及系统的可靠性,进而演化为事故。

(1) 水分、盐雾及粉尘将降低电池内模块绝缘性能,从而以外部激源为路径触发电池系统火灾。

(2) 低温环境会减小电池内化学反应速率、降低电解液内离子的扩散率和电导率、使 SEI 膜处的阻抗增加、锂离子在固相电极内扩散速率减小、界面动力学变差,石墨负极处极化作用显著增强。

(3) 高温环境不利于电池散热,当电池内部生热量大于外部散热量时,其温度会逐渐上升至过热状态,过热电池会触发各种材料滥用反应,电池内部放热更大,触发热失控。

(4) 电池间温差过大将构成各电池老化速率的不一致性,影响系统整体性能,并且不一致性增大到一定程度,将严重影响 BMS 管控性能,对短板电池的管控将存在 SOC/SOH 估计误差、短板电池过充过放等问题。

4. 管理系统因素

管理系统因素包括 BMS、PCS、EMS 以及对应的联动管控逻辑,也包括管理规章制度等人的因素。管理系统的监测误差及管控滞后甚至失效,是导致电池系统各种滥用以及电池本体非正常老化的直接原因,需要通过定期维护实现参数监测的校准及判据的更新。

三、储能事故演化

锂离子电池火灾爆炸事故主要是电池单体发生内短路后使得电池热失控起火燃烧,热失控进一步扩展到相邻电池,从而形成大规模火灾,如图 7-4 所示。在受限空间中气体积聚到一定程度时,遇到点火源会发生爆炸。

尽管锂离子电池存在自引发内短路致使热失控的风险,但是概率仅为百万分之一。一般认为,热失控是由外部诱发条件如**热滥用、电滥用、机械滥用**造成的。

锂离子电池由热失控演化为火灾爆炸,一般分为 4 个阶段:

(1) 电池在滥用条件下释放热量,产生可燃有毒气体。

(2) 热量和可燃气体在电池壳密闭空间内形成压力,打开安全阀后泄气。

(3) 高温泄气经过安全阀形成喷射火或形成大量高温可燃有毒混合气。

(4) 高温混合气在单预制仓储式结构中积聚,最后遇到点火源后引发爆炸。

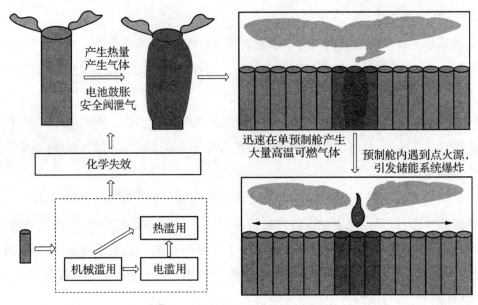

图 7-4　锂电池热失控演化过程

根据热失控特性,上述阶段总结为放热、产气、增压、喷烟、起火燃烧、气体爆炸 6 个过程(图 7-5)。

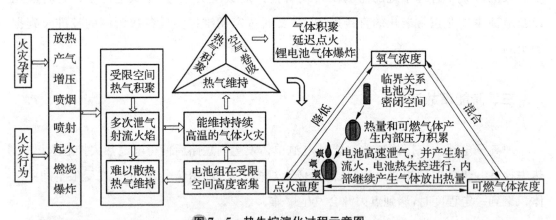

图 7-5　热失控演化过程示意图

电池在出现热失控的过程中,其电压、电流、内阻、内部压力、温度等都会出现明显的变化,且产生特征气体,通过对其中一种或几种特征参数及特征气体的监测可以有效地对电池热失控进行预警,从而避免热失控造成的经济损失。

四、储能事故经验

结合上述事故成因,总结如下经验:

(1) 电池本体因素仍然是储能系统安全的核心,受现阶段管理系统的监测管控可靠性限制,对电池本体的充放电 SOC 区间有必要适当收紧。一般而言,锂电池在 20%～80% 的 SOC 区间工作时充、放电内阻均较小,发热量也相应较小,并且该区间工作不容易造成电池的过充过放问题,有利于规避因此而产生的风险。

(2) 电池老化因素及运行环境因素的长期演化将可能造成腐蚀性的绝缘部件损坏,需要强化绝缘检测并进行定期维护检查,同时需要强化漏电断路装置、过电压保护装置、过电流保护装置等电气冲击保护装置的可靠性。

(3) 目前业内重点关注消防安全技术,不能从根本上避免安全事故。需要改变思路,从电池安全状态的实时评价和预测着手,针对电池本体及运行条件等多因素耦合作用的长期演化特性,研发电池安全风险的早期预警系统,从源头降低电池系统热失控风险。

五、储能数字化安全管理现状

美国保险试验所(UL)开发了 UL9540 电池储能系统热失控蔓延评估测试方法标准,规定"500 kW·h 及以上的锂电池储能电站应配置额外的报警通信系统,对储能电站中潜在的安全问题提前报警"。

北京市地方标准 DB11/T 1893—2021《电力储能系统建设运行规范》规定:大、中型储能电站应建立状态运行及预警预测平台,宜在站端配置主动安全系统。小型储能电站、分散式储能装置宜建立状态运行及预警预测平台。

国内已投运储能电站中,南京江北 110 MW/194 MW·h 储能电站配备有智能辅助、电池巡检等设备,全站设计采用三级隔离措施。秦皇岛储能电站提供设备状态评估、设备故障预警、故障专家诊断和检修辅助决策等服务。北京怀柔区北房储能电站采用电芯级监测,实时获取电池、变流器等设备运行数据,评估设备健康状态,及时反馈预防性运维通知和运维建议。

第四节 电化学储能技术监督

目前已经初步建立分散式储能技术监督体系,如下总结重点部分供学习参考,详细内容请见具体文件,规范引用文件等相关国家和行业标准可参考第二章第五节表 2-11。

鉴于电化学储能发展迅猛,技术监督体系在未来将不断完善。

一、运行环境要求

电化学储能系统在以下环境条件应能正常使用:

(1) 环境温度 0 ℃~40 ℃。

(2) 空气相对湿度≤90%。

(3) 海拔高度≤2 000 m。当海拔高度>2 000 m 时,应选用适用于高海拔地区的设备。

二、技术监督范围与指标

电化学储能技术监督范围包括电池系统、BMS、PCS、EMS、其他设备。技术监督指标如下:

(1) 不发生由于监督不到位造成的设备损坏事故。

(2) 年度监督工作计划完成率达标,100%。

(3) 监督现场检查提出问题整改完成率达标,100%。

(4) 监督告警问题整改完成率达标,100%。

(5) 监督报告或计划提出问题整改完成率达标,100%。

(6) 预试完成率:主设备为 100%,一般设备为 98%。

三、储能系统技术监督标准

技术监督标准具体要求和试验方法参考《电化学储能系统接入电网测试规范》(GB/T 36548—2018)。

表7-5 电化学储能系统技术监督标准

指标	GB/T 36548—2018 中位置	要求
额定功率能量转换效率	7.12	➤ 锂离子电池储能系统能量转换效率不应低于92%。 ➤ 铅炭电池储能系统能量转换效率不应低于86%。 ➤ 液流电池储能系统能量转换效率不应低于65%。
功率控制能力	7.2	电池储能系统应具备有功功率控制、无功功率调节以及功率因数调节能力,并满足系统功能要求。
充/放电响应时间	7.8	电化学储能系统的充/放电响应时间应不大于2 s。
充/放电调节时间	7.9	电化学储能系统的充/放电调节时间应不大于3 s。
充/放电转换时间	7.10	电化学储能系统的充电到放电转换时间、放电到充电转换时间应不大于2 s。
故障穿越	7.4 和 7.5	通过10(6)kV及以上电压等级接入公用电网的电化学储能系统应具备低电压穿越、高电压穿越能力。
直流分量	7.6.3	电化学储能系统接入公共连接点的直流电流分量不应超过其交流额定值的0.5%。

四、储能设备技术监督要求

储能设备技术监督要求覆盖:铅酸电池、锂离子电池、全钒液流电池、BMS、PCS、继电保护、监控、通信和计量。

表7-6 电化学储能设备技术监督要求

设备	指标		试验方法	要求
铅酸电池	初始充放电能量		GB/T 36280—2018 中 A.3.3	初始充(放)电能量不应小于额定充(放)电能量,能量效率不应小于86%。
	循环性能		GB/T 36280—2018 中 A.2.17	电池单体额定功率循环耐久性的循环次数不应小于1 000次;额定功率恒压循环耐久性的循环次数不应小于2 000次。
	能量保持能力		GB/T 36280—2018 中 A.2.6	电池单体在25℃±2℃下保持能量不应小于初始放电能量的95%;在45℃±2℃下保持能量不应小于初始放电能量的90%。
	安全性能	过充电	GB/T 36280—2018 中 A.2.7	电池单体0.25倍的4 h率额定充电功率连续充电160 h,电池不鼓胀、起火、爆炸、漏液。
		过放电	GB/T 36280—2018 中 A.2.8	电池单体0.8倍的4 h率额定放电功率连续放电30 d,电池不鼓胀、起火、爆炸、漏液。
		阻燃能力	GB/T 36280—2018 中 A.2.9	电池槽、电池盖、连接条保护罩的阻燃能力应符合GB/T 2408—2021中HB级材料(水平级)和V-0级材料(垂直级)的要求。

设备	指标		试验方法	要求
铅酸电池	安全性能	耐接地短路能力	GB/T 36280—2018 中 A.2.10	电池单体不应有腐蚀、烧均迹象及槽盖碳化。
		抗机械破损能力	GB/T 36280—2018 中 A.2.11	电池单体在规定的高度下跌落,电池槽体不应有破损及漏液。
		热失控敏感性	GB/T 36280—2018 中 A.2.12	电池单体恒压充电 168 h 过程中,电池温度不高于 60 ℃且每 24 h 之间电流增长率≤50%。
		气体析出量	GB/T 36280—2018 中 A.2.13	在 20 ℃及电池单体电压为 1.2 倍的额定电压充电条件下,电池单体平均对外释放出的气体量在标准状态下不高于 5.1 mL/(Wh·h)。
		大功率放电	GB/T 36280—2018 中 A.2.14	电池单体 24 倍的 4 h 率额定放电功率结束放电后,电池端子、极柱及汇流排不应熔化或熔断,槽、盖不应熔化或变形。
		防爆能力	GB/T 36280—2018 中 A.2.16	电池单体正常使用不会出现燃烧或爆炸,0.4 倍的 4 h 率额定充电功率过充电 1 h,当外遇明火时其内部不应发生燃烧或爆炸。
	绝缘性能		GB/T 36280—2018 中 A.3.4	铅炭电池膜各部分绝缘性能均不应小于 2 000 G/V。
	耐压性能		GB/T 36280—2018 中 A.3.5	铅炭电池膜不应发生绝缘击穿或闪络现象。
锂离子电池	初始充放电能量		GB/T 36276—2018 中 A.3.4	初始充(放)电能量不应小于额定充(放)电能量,能量效率不应小于 92%。
	循环性能	能量型电池	GB/T 36276—2018 中 A.3.12	循环次数达到 500 次时,充(放)电能量保持率不应小于 90%
		功率型电池	GB/T 36276—2018 中 A.3.12	循环次数达到 1 000 次时,充(放)电能量保持率不应小于 80%
		能量保持与能量恢复能力	GB/T 36276—2018 中 A.3.8	能量保持率不应小于 90%。充(放)电能量恢复率不应小于 92%。
	安全性能	过充电	GB/T 36276—2018 中 A.3.13	将电池模块充电至任一电池单体电压达到电池单体充电终止电压的 1.5 倍或时间达到 1 h,不应起火、不应爆炸。
		过放电	GB/T 36276—2018 中 A.3.14	将电池模块放电至时间达到 90 min 或任一电池单体电压达到 0 V,不应起火、不应爆炸。
		短路	GB/T 36276—2018 中 A.3.15	将电池模块正、负极经外部短路 10 min,不应起火、不应爆炸。
		挤压	GB/T 36276—2018 中 A.3.16	将电池模块挤压至变形量达到 30%或挤压力达 13 kN±0.78 kN,不应起火、不应爆炸。
		跌落	GB/T 36276—2018 中 A.3.17	将电池模块的正极或负极端子朝下从 1.2 m 高度处自由跌落到水泥地面上 1 次,不应起火、不应爆炸。
		热失控扩散	GB/T 36276—2018 中 A.3.19	将电池模块中特定位置的电池单体触发达到热失控的判定条件,不应起火、不应爆炸、不应发生热失控扩散。

设备	指标		试验方法	要求
锂离子电池	绝缘性能		GB/T 36276—2018 中 A.3.10	按标称电压计算,电池模块正、负极与外部裸露而导电部分之间的绝缘电阻均不应小于 1 000 Ω/V。
	耐压性能		GB/T 36276—2018 中 A.3.11	在电池模块正、负极与外部裸露可导电部分之间施加相应的电压,不应发生击穿或闪络现象。
全钒液流电池	电堆电压一致性		/	单元电池系统充满电后静置 30 min,测量单元电池系统各电堆的静态开路电压,各电堆之间静态开路电压最大值、最小值与平均值的差值应分别不超过平均值的±2%。
	能量效率		GB/T 32509—2016 中 5.6	单元电池系统能量效率应大于 65%。
	能量保持能力		GB/T 32509—2016 中 5.7	单元电池系统能量保持率应大于 90%。
	安全性		GB/T 32509—2016 中 5.12、5.13、5.15	➢ 氢气体积分数应低于 2%。 ➢ 电池系统正负极接口对地之间的绝缘电阻应不小于 1 MΩ。 ➢ 具有过充电保护措施。 ➢ 具有过放电保护措施。 ➢ GB/T 34866—2017 中提及的相关要求。
BMS	一般要求		/	➢ 拓扑配置应与 PCS 拓扑、电池成组方式匹配与协调,并对电池运行状态进行优化控制及全面管理。 ➢ 各功能具体实现层级由 BMS 的拓扑配置情况决定,宜分层就地实现。 ➢ 具备对时、时间记录、故障录波、显示等功能。
	功能	测量	/	BMS 能够实时测量电池相关数据,包括电池电压、电池温度、串联回路电流、绝缘电阻等参数,各状态参数测量精度符合下列规定: a. 电流采样分辨率结合电池能量和充放电电流确定,测量误差不大于±0.2%,采样周期不大于 50 ms。 b. 电池电压测量误差应不大于±0.3%,采样周期应不大于 200 ms。 c. 温度采样分辨率应不大于 1,误差不大于±2%,采样周期不大于 5 s。
		计算	/	BMS 能够计算充放电能量,估算电池能量状态。能量计算误差不应大于 3%,计算更新周期不应大于 3 s。
		信息交互	/	BMS 应具备内部信息收集和交互功能,将电池信息上传监控系统和 PCS。
		故障诊断	/	BMS 应能够监测电池的运行状态,诊断电池或 BMS 本体的异常运行状态,上送相关告警信号至监控系统和 PCS。

设备	指标		试验方法	要求
BMS	功能	电池保护	/	BMS应能就地和远程对电池运行参数、报警、保护定值进行设置，并应具备电池的保护功能，能发出告警信号或跳闸指令，实施就地故障隔离。
PCS		功能要求	/	PCS应具有充放电功能、有功功率控制功能、无功功率调节功能和并离网切换功能。
	性能要求	效率	GB/T 34133—2017中 6.3.2、6.3.3	在额定运行条件下，PCS的整流效率和逆变效率均应不低于94%。
		损耗	GB/T 34133—2017中 6.3.4	PCS待机损耗应不超过额定功率的0.5%，空载损耗应不超过额定功率的0.8%。
		过载能力	GB/T 34133—2017中 6.4	PCS交流侧电流在110%额定电流下，持续运行时间应不少于10 min；交流侧电流在120%额定电流下，持续运行时间应不少于1 min。
		功率控制精度	GB/T 34133—2017中 6.6.1 6.6.2	PCS输出大于额定功率的20%时，功率控制精度应不超过5%。
		功率因数	GB/T 34133—2017中 6.6.3	并网运行模式下，不参与系统无功调节时，PCS输出大于其额定输出的50%时，平均功率因数应不小于0.98（超前或滞后）。
		绝缘耐压	/	➤ 在正常试验大气条件下，PCS各独立电路与外露导电部分之间，以及与各独立电路之间的绝缘电阻应不小于1 MΩ。 ➤ PCS应能承受频率为50 Hz，历时1 min的工频交流电压或等效直流电压，试验过程中保证不击穿，不飞弧，漏电流<20 mA。 ➤ PCS各带电电路之间以及带电部件、导电部件、接地部件之间的电气间隙和爬电距离应符合GB/T 7251.1—2023的相关规定。
		噪声	/	在距离设备水平位置1 m处，用声级计测量满载时的噪声，噪声应不大于80 dB。
		外壳防护等级	GB/T 4208—2017	防护等级应不低于1P20。
继电保护		基本要求	/	➤ 满足可靠性、选择性、灵敏性、速动性的要求。 ➤ 满足电力网络结构、电化学储能系统电气主接线的要求，并考虑电力系统和电化学储能系统运行方式的灵活性。 ➤ 装置功能应符合GB/T 14285—2023的有关规定。
		BMS保护	/	➤ 具备过充电及过放电保护、短路保护、过流保护、温度保护、漏电保护。 ➤ 配置软、硬出口节点，当保护动作时，发出报警和（或）跳闸信号。

设备	指标		试验方法	要求
继电保护	PCS 保护		/	➢ 直流侧保护应包括过/欠压保护、过流保护、输入反接保护、短路保护、接地保护等。 ➢ 交流侧保护应包括过/欠压保护、过/欠频保护、交流相序反接保护、过流保护、过载保护、过温保护、相位保护、直流分量超标保护、三相不平衡保护等。 ➢ 具备防孤岛保护功能,孤岛检测时间应不超过 2 s。
	涉网保护		/	➢ 配置及整定应与电网侧保护相适应,与电网侧重合闸策略相协调。 ➢ 通过 380 V 电压等级接入且功率小于 500 kW 的储能系统,应具备低电压和过电流保护功能。 ➢ 通过 10(6) kV～35 kV 电压等级专线方式接入的储能系统宜配置光纤电流差动保护或方向保护作为主保护,配置电流电压保护作为后备保护。 ➢ 通过 10(6) kV～35 kV 电压等级采用线变组方式接入的储能系统,应按照电压等级配置相应的变压器保护装置。 ➢ 应配置防孤岛保护,非计划孤岛情况下,应在 2 s 内动作,将储能系统与电网断开。
	故障录波		/	接入 10(6) kV 及以上电压等级且功率为 500 kW 及以上的储能系统,应配备故障录波设备,且应记录故障前 10 s 到故障后 60 s 相关电气量变化的情况。
	频率响应要求		//	接入公用电网的电化学储能系统,当并网点频率≤49.5 Hz 时,不应处于充电状态;当频率≥50.2 Hz 时,不应处于放电状态。
监控	一般要求		/	➢ 具备对储能系统内各种设备进行监视和控制的能力,以及接受远方调度的能力,且应符合电力系统二次系统安全防护规定。 ➢ 根据储能系统应用需求等情况选择和配置软硬件,具备可靠性、可用性、扩展性、开放性和安全性。 ➢ 接收并显示 BMS 上传的电压、电流、荷电状态(SOC)、功率、温度及异常告警等信息。 ➢ 接收并显示 PCS 上传的交直流侧电压、电流、有功功率、无功功率、异常告警及故障等信息。
	功能要求	基本要求	DL/T 5149—2020	具备对储能系统并网点的模拟量、状态量及相关数据进行采集、处理、显示、储存等功能。
		控制操作	DL/T 634.5104—2009	具备对储能系统并网点、各单元储能系统连接点处开关以及对储能变流器的工作状态进行控制的功能,支持选择控制和直接控制两种模式。
		数据统计分析	/	具备对储能系统内的关键部件(如电池单体、电池组、PCS 等)的运行数据进行统计分析功能。

续　表

设备	指标		试验方法	要求
监控	功能要求	与外部系统互联	/	具备与配电管理系统、调度自动化系统、营销口动化系统等互联功能,实现储能系统充放电功率、电量、运行状态等数据与信息的交互。
		能量管理功能	/	具备削峰填谷、调频、调压等能量管理功能。
通信	1			储能系统、监控系统应具备与电网调度机构之间数据通信的能力,能够采集储能系统的运行数据并实时上传至电网调度机构,同时具备接收电网调度机构控制调节指令的能力,且符合电力二次系统安全防护规定。
	2			储能系统内部通信可采用以太网、串行门等接口,通信规约可采用基于 CAN2.0、ModbgTCP、DL/T 634.5101—2022、DL/T 634.5104—2009 或 DL/T 860(所有部分)的通信协议。
	3			储能系统与电网调度自动化系统的通信规约宜采用基于 DL/T 634.5104—2009 的通信协议。
	4			PCS宜具备 CAN/RS 485、以太网通信接口。其中,PCS 与监控站级通信宜采用以太网通信接口,宜支持 MODBUSTCP、DL/T 860、PROF1BU&DP 通信协议;与 BMS 通信宜采用 CAN/RS 485,宜支持 CAN 2.0B、MODBUSTCP 通信协议。
计量	1			电量计量系统应符合 DL/T 5202—2022 的规定。
	2			电量计量表计应具备四象限功率计量功能、事件记录功能。
	3			交流电信计量表计通信规约应符合 DL/T 645—2007 的规定。

五、阶段监督重点工作

表 7-7　电化学储能各阶段技术监督重点工作

序号	要求
设计阶段	
1	应组织对储能系统进行设计审查。
2	储能系统的设计应做到技术先进、经济合理、准确可靠、监视方便,以满足公司安全经济运行和商业化运营的需要。
3	应根据相关规程、规定及实际需要制定储能设备的订货管理办法。
4	电力建设工程中储能系统设备的订货,应根据审查通过的设计所确定的厂家、型号、规格、等级等组织订货。
安装、验收阶段	
1	应制订储能设备的安装与验收管理制度。
2	储能系统投运前应进行全面验收,设备到货后应由专业人员验收,检查物品是否符合订货合同的要求。

续　表

序号	要求
3	验收项目及内容应包括技术资料、现场核查、验收试验、验收结果处理,应做到图纸、设备、现场相一致。
4	储能设备安装应严格按照通过审查的施工设计进行。
5	应建立资产档案,专人进行资产管理并实现与相关专业的信息共享。资产档案内容应有资产编号、名称、型号、规格、等级、出厂编号、生产厂家、生产日期、验收日期等。
运行维护阶段	
1	应具备与储能技术监督工作相关的法律、法规、标准、规程、制度等文件。
2	应建立健全技术监督网体系和各级监督岗位职责,开展正常的监督网活动并记录活动内容、参加人员及有关要求。
3	储能系统必须具备完整的符合实际情况的技术档案、图纸资料和设备台账。
4	相应人员定期应对储能设备进行巡检,并做好相应的记录。
5	应按要求完成储能技术监督工作统计报表。技术监督工作总结、统计报表、事故分析报告与重大问题应及时上报。
6	应配备符合条件的储能专业技术人员,并保持队伍相对稳定,加强培训与考核,提高人员素质。

第五节　分散式储能设备管理相关要求

为确保分散式储能安全稳定运行,试点光伏储能及风电场储能建立了《某光伏储能设备运行规程(试行)》与《某风电储能设备运行规程(试行)》。如下总结重点部分供学习参考,详细内容请见具体文件,规范引用文件等相关国家和行业标准可参考第二章第五节表2-11。

一、分散式储能系统设备情况

"光伏+分散式储能"项目中交流接入方案的储能单元由江苏中天科技股份有限公司(简称:中天科技)和上海融和元储能源有限公司(简称:融合元储)两家单位提供;直流接入方案的储能单元由阳光电源股份有限公司(简称:阳光电源)采购集成。

表7-8　"光伏+分散式储能"项目的储能设备厂家

	交流接入		直流接入	
	生产厂家	集成/采购单位	生产厂家	集成单位
电池系统	中天科技	中天科技	海基新能源	阳光电源
BMS	协能科技		阳光电源	
消防系统	海湾安全		恩华科技	
空调系统	黑盾环境		盖鼎精密	
DC-DC(直流方案)	/	/	阳光电源	
PCS(交流方案)	盛弘股份	融和元储	/	/

表7-9　"光伏+分散式储能"项目的关键设备技术参数

	项目	交流接入	直流接入
储能系统	规模	10套 500 kW/1 000 kW·h	4套 125 kW/250 kW·h
电池系统	电芯种类	磷酸铁锂电池	磷酸铁锂电池
	电芯容量	105 A·h	120 A·h
	电池簇能量	150.528 kW·h	129.0 kW·h

	项目	交流接入	直流接入
PCS(交流方案)	额定交流功率	500 kW	125 kW
	最大转换效率	98.2%	/
DC‐DC(直流方案)	最大输出功率	/	169 kW
空调系统	额定交流输入功率	3.25 kW	1.7 kW
消防系统	灭火剂	七氟丙烷	七氟丙烷

表7‐10　"风电＋分散式储能"项目的储能设备厂家

	交流接入		直流接入	
	生产厂家	集成/采购单位	生产厂家	集成单位
电池系统	中天科技	电动工具所	中航锂电	金风科技
BMS	协能科技		高特电子	
消防系统	海湾安全		创为新能源	
空调系统	笑恺机电	电动工具所	英维克科技	金风科技
DC‐DC(直流方案)	/		台达电子	
PCS(交流方案)	上海宝准		/	/

表7‐11　"风电＋分散式储能"项目的关键设备技术参数

	项目	交流接入	直流接入
储能系统	规模	20套250 kW/250 kW・h	20套250 kW/250 kW・h
电池系统	电芯种类	磷酸铁锂电池	磷酸铁锂电池
	电芯容量	105 A・h	220 A・h
	电池簇能量	139.776 kW・h	281.6 kW・h
PCS(交流方案)	额定交流功率	250 kW	/
	最大转换效率	96.5%	/
DC‐DC(直流方案)	最大输出功率	/	360 kW
空调系统	额定交流输入功率	1.7 kW	/
消防系统	灭火剂	七氟丙烷	全氟己酮

　　"风电＋分散式储能"项目中交流接入方案的储能单元由上海电动工具研究所(简称:电动工具所)提供;直流接入方案的储能单元由新疆金风科技股份有限公司(简称:金风科技)采购集成。

　　基于交流接入的方案中,储能集成系统由储能电池系统与PCS模块组成。基于直流接入的方案中,储能集成系统由储能电池系统与 DC - DC 模块组成。PCS 模块与 DC - DC 模块包括逆变和变流环节及系统配电,储能电池系统内部包括电池系统、BMS、温控系统和消防系统。

因此,后续储能系统主要分为储能电池系统、PCS(交流接入方案)和 DC - DC(直流接入方案)三大模块开展介绍。

二、基于交流接入的储能系统

基于交流接入方案,光伏部署 10 套 500 kW/1 000 kW·h 储能系统,风电部署 20 套 250 kW/250 kW·h 储能系统。

1. 电池系统

某光伏电站单个电池舱合计配置 7 簇电池簇,每簇电池由 14 台电池单元箱串联组成,通过一个高压盒对外输出,每台电池单元箱由 16 颗磷酸铁锂电池 2 并 16 串组成。

某风电场单个电池舱合计配置 2 簇电池簇,每簇电池由 13 台电池单元箱串联组成,通过一个高压盒对外输出,每台电池单元箱由 16 颗磷酸铁锂电池 2 并 16 串组成。

上述多个电池簇并联经一台控制汇流柜后接入一台 PCS。电池在 BMS 的管控和保护下工作,电池舱内配置工业级空调对电池进行温度控制,同时配置七氟丙烷消防系统对电池进行安全防护。

基于交流接入方案的电池均由中天科技股份有限公司(简称:中天科技)供货,参数如表 7 - 12 所示。

表 7 - 12　交流接入储能的电池参数汇总

	项目	单位	泗洪光伏	大有风电
	电池种类	/	能量型磷酸铁锂离子电池	
	电池型号	/	ZTT29173200	
	标称容量	A·h	105	
电芯	标称电压	V	3.2	
	交流内阻	mΩ	≤0.5	
	重量	g	2 100±100	

续　表

	项目	单位	泗洪光伏	大有风电
	成组方式	/	16S 2P	
	标称容量	A·h	210	
	标称电压	V	51.2	
	标称能量	kW·h	10.75	
电池单元箱	重量	kg	85±5	
	成组方式	/	224S 2P	208S 2P
	主要部分	/	电池单元箱×14+ 高压箱×1	电池单元箱×13+ 高压箱×1
	标称容量	A·h	210	210
	标称电压	V	716.8	665.6
	标称能量	kW·h	150.528	139.776
	充放电倍率		0.5 C	1 C
	运行电压	V	604.8~817.6	520.0~759.2
电池簇	能量效率	/	≥92%	

此外,项目在电池方案中设计有多簇并联环流①抑制方案,即在每个电池簇中均加入一个预充回路。

预充回路由一个预充电阻和一个接触器组成,如图 7-6 所示。预充电阻选择 5R200W 型号,在上电开始阶段,通过预充回路对多个电池簇的电压进行调整,避免电池簇之间的电流过大。

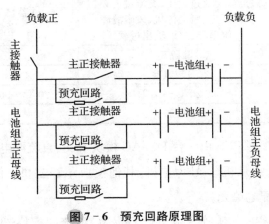

图 7-6　预充回路原理图

---

① 环流现象:电池簇电压不相等,造成电压较高的电池簇对电压较低的电池簇充电,从而在电池簇之间出现环流现象。

当 BMS 每次闭合主接触器时,会先执行预充流程,预充完成后再闭合主接触器,断开预充接触器。一般检测到电池簇压差小于 10 V 时,不启动预充,直接对电池系统上电。当电池簇压差在 10~30 V 时,启动预充回路。当电池压差大于 30 V 时,系统不进入预充流程需进行人工维护。

2. PCS

基于交流接入方案的 PCS 均由盛弘电气股份有限公司(简称:盛弘股份)、上海宝准电源科技有限公司(简称:上海宝准)供货,参数如表 7-13 所示。

表 7-13　分散式储能交流接入方案下的 PCS 参数

PCS	泗洪光伏	大有风电
单台储能	500 kW/1 000 kW·h	250 kW/250 kW·h
生产厂家	盛弘股份	上海宝准
型号	PWS1-500KTL	BES6000-025063BT
直流侧参数		
直流电压范围	600~900 V	620~850 V
最大直流电流	873 A	≤445 A
交流并网运行参数		
交流额定功率	500 kW	250 kW
交流并网电压	380 V±15%	−15%~360 V~+10%
交流额定电流	760 A	≤210 A
交流离网运行参数		
交流离网电压	380 V	690 V
系统参数		
整机最高效率	98.2%	96.5%
保护	过温、交流过欠压、交流过欠频、交流反序、紧急停机、风扇故障、继电器故障、输出过载	过温、交流过欠压、交流反序、紧急停机、输出过载
隔离方式	非隔离	工频隔离
冷却方式	强制风冷	强制风冷
温度范围	−20 ℃~50 ℃	−20 ℃~50 ℃(40 ℃以上降额使用)
防护等级	IP20	IP20

PWS1-500KTL 型 PCS 由 8 台 DC/AC 模块及交、直流配电单元组成。模块通过面板上的拨码编码识别主从机,1 号为主机,其他模块跟踪主机。储能装机柜内配置防雷器、交直流断路器等配电单元。

BES6000-025063BT 型 PCS 由 1 台 DC/AC 变流器模块组成。模块通过背板上的拨码地址识别主从机,PCS 控制柜内配有防雷器和交直流断路器等配电单元。

PCS 工作状态如图 7-7 所示,说明如表 7-14 所示。

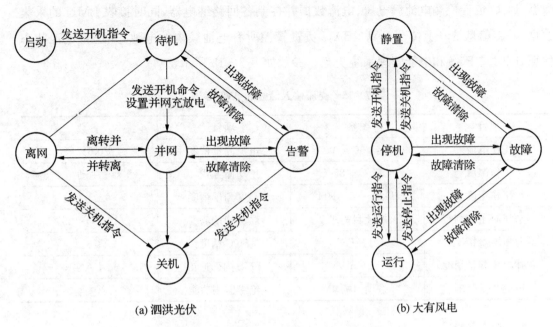

(a) 泗洪光伏　　　　　　　　　　　(b) 大有风电

图 7 - 7　交流接入储能的 PCS 工作模式

表 7 - 14　交流接入储能的 PCS 工作状态说明

光伏			风电		
状态	条件	指示	状态	条件	指示
待机	直流开关闭合，交流开关闭合，机器无故障	运行绿灯快闪，模块绿灯快闪	静置	直流开关闭合，交流开关闭合，机器无故障	正面门板交流带电指示灯常亮
并网	机器无告警，设为并网模式，接收到开机命令	运行绿灯常亮，模块绿灯常亮	停机	机器无告警，设置工作模式，接收到开机命令	正面门板交流带电指示灯常亮
状态	条件	指示	状态	条件	指示
离网	机器无告警，设为离网模式，接收到开机命令	运行绿灯常亮，模块绿灯常亮	运行	设备没有告警，设置工作模式，设备处于正常运行状态	正面门板交流带电指示灯常亮、运行指示灯亮
告警	任意故障信息	主监控红灯常亮，模块红灯常亮或闪烁，蜂鸣器报警	故障	任意故障信息	正面门板故障指示灯常亮
关机	接收到关机命令	运行绿灯慢闪，模块绿灯快闪			

3. BMS

基于交流接入方案的 BMS 均由协能科技股份有限公司(简称:协能科技)供货。BMS 由三层结构组成,分别是 BMU、BCU 和 BAU。BMU 负责采集电池单元箱的电压、温度数据,BCU 负责检测电池簇电压、电流数据并控制各回路继电器,同时接收 BMU 的采集数据,并将信息统一上传至 BAU,BAU 负责管控所有电池簇内的电池,并进行电池状态估算,同时与 PCS 和电能管理系统交互。参数如表 7 - 15 所示。

表 7 - 15　交流接入储能的 BMS 参数

项目	参数	项目	参数
工作电流	<250 mA	电流测量精度	±0.5%FS
工作温度	−35 ℃～85 ℃	均衡方式	主动
工作湿度	30%～95%RH	温度测量精度	±1 ℃
总压测量范围	按项目需求	温度测量范围	−40 ℃～125 ℃
总压测量精度	1%FS	SOC 精度	≤5%
单体电压测量精度	±5 mV	BMS 内部通信	CAN
电流测量范围	按项目需求	绝缘监测功能	包含

4. 温控系统

电池集装箱发热量主要包含内部设备工作发热和太阳辐射,其中内部设备中主要以电池工作产热为主。泗洪光伏场站选用 2 台 6.5 kW 制冷量的空调且相应风道连接至电池簇,电池簇设计为背进风、前出风。大有风电场选用 2 台 5 kW 制冷量的空调分别安装于电池舱箱门上部及侧壁上部,空调出风设计为上进风、下出风。

5. 消防系统

消防系统(图 7 - 8)主要包含:烟感探测器、温感探测器、可燃气体探测器、排气风机、声光报警器、紧急启停按钮、放气指示灯、泄压阀、灭火控制器和七氟丙烷瓶柜等。

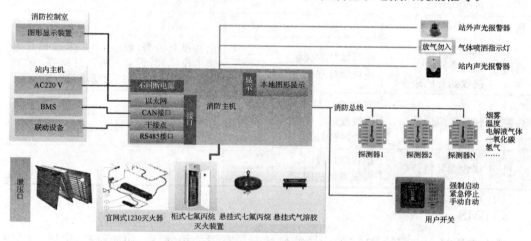

图 7 - 8　消防系统组成

烟感、温感、可燃气体探测器均匀布置于集装箱顶部,根据预先设定的阈值实时监测集装箱内的环境状态。声光报警器、放气指示灯和紧急启停按钮一般布置于集装箱开门处,便于告警和操作。泄压阀布置于集装箱侧壁距底面 2/3 高度处。七氟丙烷瓶柜一般布置于集装箱内的电池区域内或通过管网覆盖电池区域。

消防系统具备自动、手动和机械应急启动方式,正常运行时,将消防手/自动开关切至自动位置,同时七氟丙烷气瓶插销拔掉。消防主机可与站内 BMS 等主机通信,将系统状态数据上传后台。如系统报警后,可与站内设备进行联动,如联动分励脱扣进行断电等操作。后台软件可下发灭火器启动命令,启动本地气体灭火器。消防系统工作流程如图 7-9 所示。

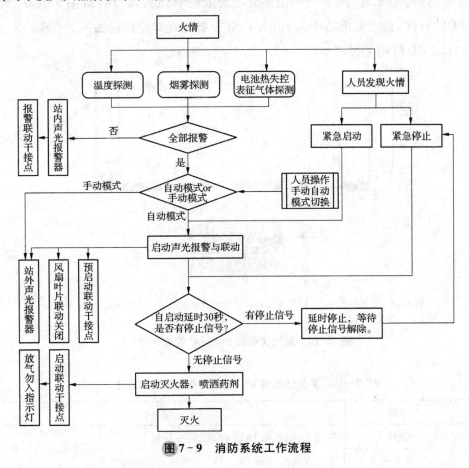

图 7-9　消防系统工作流程

三、基于直流接入的储能系统

1. 电池系统

基于直流接入方案,泗洪光伏场站部署 4 套 125 kW/250 kW·h 储能系统,由海基新能源股份有限公司(简称:海基新能源)供货。每个储能系统由 2 台锂电池户外柜(ST129CP)组成,接入直流变换器。单个电池户外柜由 28 个模组组成,容量为 129.0 kW·h,配置为 1P336S。大有风电场部署 20 套 250 kW/250 kW·h 储能系统,由中航锂电供货。单个电池户外柜由 25 个模组组成,容量为 281.6 kW·h,配置为 1P400S。

2. DC - DC

基于直流接入方案中直流变换器取代 PCS,将来自电池的直流电转化为新能源箱变可接受的直流电。

某光伏电站 DC - DC(图 7 - 10)由阳光电源股份有限公司(简称:阳光电源)供货,型号为 SD125HV,最大输出功率为 169 kW,其设备外观对应描述如表 7 - 16。DC - DC 工作状态与 LED 灯相关说明如图 7 - 11、表 7 - 17 所示。

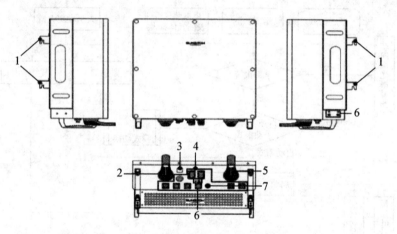

1—挂耳;2—直流开关 1;3—LED 指示灯;4—电气接线区域;5—直流开关 2;6—接地端子;7—急停开关。

图 7 - 10　某光伏电站 DC - DC 设备外观

表 7 - 16　某光伏电站 DC - DC 设备外观对应描述

序号	名称	描述
1	挂耳	共四个,用于将 DC - DC 安装在挂板上。
2	直流开关 1	用于安全地切断 DC - DC 与电池之间的电气连接。
3	LED 指示灯	指示变换器的当前工作状态。
4	电气接线区域	包含接入直流侧及通信的各种端子。
5	直流开关 2	用于安全地切断 DC - DC 与后级设备之间的电气连接。
6	接地端子	用于设备的保护接地。
7	急停开关	仅用于紧急状况,按下后立即切断变换器与前后级设备的连接。

指示灯	状态	含义
 蓝色	常亮	变换器正在运行中。
	快闪 (周期：0.2 s)	蓝牙已经连接，且有数据通信，同时，变换器没有故障发生。
	慢速渐变闪烁 (周期：2 s)	变换器已经通电且处于急停、待机或者启动状态中。
 红色	常亮	有故障发生。(变换器此时立即关机)
	快闪 (周期：0.2 s)	蓝牙已经连接，且有数据通信，同时，变换器有故障发生。
 熄灭	熄灭	变换器已断电。

图 7‑11　某光伏电站 DC‑DC 的 LED 灯与工作状态

表 7‑17　某光伏电站 DC‑DC 工作状态说明

序号	状态	说明
1	初始待机	不断检测光伏阵列和电网是否满足并网运行条件。 当满足并网条件时,DC‑DC 由"初始待机"模式转为"启动中"模式。
2	ISO 检测	DC‑DC 开机前,进行绝缘阻抗检测。
3	启动中	由"初始待机"模式转入"运行"模式的短暂过渡过程。 此模式结束后,DC‑DC 即可开始并网发电。
4	运行	DC‑DC 处于正常运行状态中。
5	告警运行	DC‑DC 仍然保持继续运行,但会发出告警信号。
6	降额运行	DC‑DC 受到外部因素(温度、电压等)影响,运行在降额状态下。
7	热待机	DC‑DC 零功率运行。
8	按键关机	DC‑DC 收到关机指令进入关机状态。
9	故障停机	DC‑DC 检测到有故障发生而停止运行。
10	紧急停机	外界紧急停机信号触发的停机状态。

某风电场 DC‑DC 由台达电子电源(东莞)有限公司(简称:台达电子)供货,型号为 DD300S,最大输出功率为 300 kW。其 LED 灯示意图如图 7‑12 所

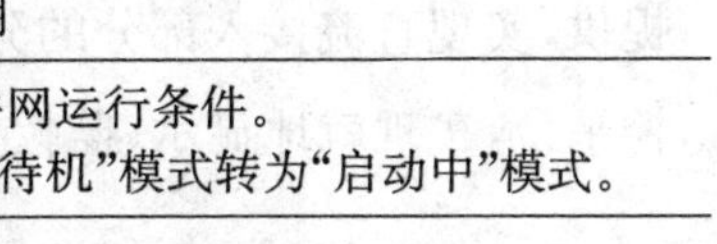

图 7‑12　某风电场 DC‑DC 的 LED 灯

示,工作状态说明如表7-18。

表7-18 某风电场DC-DC工作状态说明

序号	名称	颜色	含义	说明
1	电源	绿色	工作电源指示灯	**常亮**:储能设备辅助供电已接通
				常灭:储能设备辅助供电未接通
2	运行	绿色	运行状态指示灯	**常亮**:储能设备正在进行充/放电
				常灭:储能设备未进行充/放电
3	故障	黄色	故障告警指示灯	**常亮**:储能设备有故障,停止运行
				闪烁:储能设备有告警,可以运行
				常灭:储能设备无故障和告警,可以运行
4	急停	红色	急停按钮	**按下**:储能设备停机
				抬起:储能设备可以运行

3. BMS

光伏储能智能通信箱(COM100A)由阳光电源提供,实现上位机与光伏电站设备的通信和管理。

风电储能一体化集控单元(ESCCU)由高特电子设备股份有限公司(简称:高特电子)提供,实现直流接入部分的分散式储能系统信息的汇总,并通过网络通信上传到上一级监控平台,实现就地显示、监控和能量管理。其拓扑图如图7-13所示。

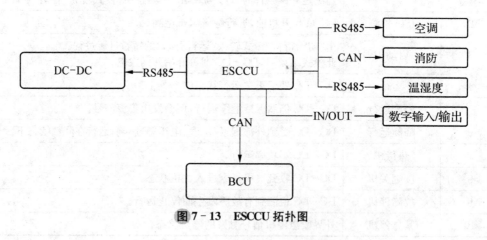

图7-13 ESCCU拓扑图

4. 温控系统

光伏储能空调系统由盖鼎精密制冷设备有限公司(简称:盖鼎精密)生产,为整体顶置式集装箱空气调节器,型号为LZXD-3.5GE-W。风电储能空调系统由英维克科技股份有限公司(简称:英维克科技)生产,采用 2 台型号 MC50HDNC1A 的机柜空调对储能集装箱进行温控。

5.消防系统

光伏储能消防系统由恩华科技有限公司(简称:恩华科技)生产,灭火系统选用小型自动灭火装置(FM-200 灭火介质),是一种新型的灭火装置,采用特殊分子材料制成,内部充装清洁灭火剂,当装置表面遇到热量后,爆破后形成自然的喷嘴,释放灭火剂,达到抑制火灾的效果。风电储能消防系统由创为新能源科技股份有限公司(简称:创为新能源)提供,型号为 CW1160,采用全氟己酮作为灭火药剂,药剂量为 1 100 g,内部贮存 1.2 MPa 的工作压力。

四、储能设备停、送电操作

1.基于交流接入的储能 PCS 停、送电操作

《某光伏电站储能设备运行规程(试行)》与《某风电场储能设备运行规程(试行)》中分别介绍了 PCS 停、送电操作的相关要求和注意事项,表 7-19 进行总结。

表 7-19　交流接入储能的 PCS 停、送电操作说明

		光伏场站	风电场
停、送电操作	前提条件	储能装置必须安装完毕,并由工程师调试正常,且外部电源开关已闭合。	
送电前检查	1	目测模块外部没有损坏的迹象,直流断路器和交流断路器均处于"OFF"的位置。	
	2	检查储能装置直流输入接线、交流输出接线是否正常,接地是否良好。	
	3	检查电池电压是否正常。	
	4	检查网侧的相电压和线电压是否在正常范围内,并记录电压值。	
送电步骤	前提条件	储能装置处于完全断电状态下进行送电。	
	1	闭合电池柜输出开关,设备直流端口上电。	
	2	闭合直流断路器。	
	3	在触摸屏上,设置工作模式。	
	4	在触摸屏上,开启 DC/AC 模块。	在触摸屏上,操作开机、运行。
	5	设备会根据当前工作模式设置和直流输入情况,自动进行工作与显示。	
停电步骤	1	在触摸屏上,点 DC/AC 模块"关机",正常情况下,主监控指示灯呈绿色闪烁约 30 秒。	在触摸屏上,操作停机并退出。

		光伏场站	风电场
停电步骤	2	断开直流断路器。	
	3	断开交流断路器。	
	特别说明	➤ 执行完步骤1后，储能已经停电，但仅是系统中功率器件停止运行，系统母线及辅助电源仍然带电，控制系统都处于待命状态，不允许进行设备维修工作。 ➤ 执行完步骤3后，储能处于完全停电状态，系统内接线排等是不带电的，等模块内部电容放电完毕后，才可以进行相关维修及设置工作。	
紧急停机	/	当储能装置出现异常情况时，可以按下柜门上的紧急停机按钮"EPO"。再按照停电步骤进行执行。	

由于基于交流接入方案技术成熟和普遍，光伏和风电储能项目中 PCS 停、送电步骤相似。

2. 基于直流接入的储能 DC - DC 停、送电操作

光伏储能设备通过 DC - DC 从光伏逆变器直流侧接入，DC - DC 停、送电操作的相关要求和注意事项在表 7 - 20 中进行总结。

表 7 - 20 光伏场站基于直流接入储能的 DC - DC 停、送电操作说明

		泗洪光伏场站
送电前检查	1	DC - DC 安装正确且牢固。
	2	DC - DC 的直流开关与外部断路器处于关断状态。
	3	所有线缆及附件连接正确且紧固。
	4	线缆分布合理且受到良好保护，无机械损坏。
	5	空置的端子已密封好。
	6	无外部物体或零件遗留在变换器顶部。
	7	所有的安全标识和警告标签粘贴牢固且清晰可见。
送电步骤	1	将 DC - DC 的直流开关旋至"ON"
	2	若 DC - DC 与前后级设备之间存在直流开关，闭合该开关。
	3	正常且输入条件满足要求的情况下，DC - DC 将正常运行。
	4	观察 LED 指示灯的状态。
停电步骤	1	断开外部负荷开关，将变换器直流开关旋至"OFF"。
	2	等待至少 5 分钟，直至内部的电容完全放电。
	3	使用电流钳检测直流线缆，确认无电流。
	4	移除直流连接器。

泗洪光伏场站		
停电步骤	5	拆卸以太网及通信连接器。
	6	安装各个端子的防水堵头。

风电储能设备通过 DC-DC 从风机变流器直流侧接入,由于需要对风机本体进行改造,因此 DC-DC 停、送电操作的相关要求和注意事项相较于光伏烦琐。

表 7-21　风电场基于直流接入储能的 DC-DC 停、送电操作说明

大有风电场		
送电前检查	1	电气元件及设备的安装螺钉已紧固。
	2	储能设备内部所有开关均已断开。
	3	交流侧接线相序符合接线要求。
	4	主回路、控制回路及接地回路连接部分已紧固。
	5	储能设备内部各元器件表面清洁、干燥、无异物。
送电前检查	6	电气元件无异常。如检查发现问题应立即解决,若现场无法解决,迅速联系通知设备厂家。
	7	操作机构、开关等可动元器件灵活、可靠、准确;对装有温显、温控、风机等装置的设备,还应根据电气性能要求和设备安装使用手册进行检查。
	8	接地电阻≤4 Ω。
	9	直流侧电压不得超过或低于允许直流侧电压。
	10	若在高湿度天气送电,送电前必须对设备内部的电气元件进行检查及干燥处理。
送电步骤	1	打开电气舱柜,确认柜内 8FU、8FU1 处于正常导通状态。
	2	闭合外部辅电供电开关,测量电气舱柜辅电进线端子处电压是否正常,正常则进行下一步。
	3	依次闭合电气舱柜控制开关 8Q1、8Q2,此时柜门上电源指示灯亮。
	4	闭合电气舱柜控制开关 9F1 和 9F2,然后长按 9UPS 面板上的"ON/MUTE"键5秒以上,UPS 完成开机,电池舱柜环控负载设备电源已提供。
	5	闭合电气舱柜 9F11、9F12、9F13、10F1、10F2、10F3 等各控制开关,此时 DC-DC 控制系统已供电、EMU 启动中,电池舱柜高压盒及传感器等设备电源已提供。
	6	关闭电气舱柜。
	7	打开电池舱柜,依次闭合 13Q1、13F1、13F3、13F4 等开关,此时电池舱柜照明、空调等设备已开始工作。13F2 为除湿机预留供电开关(可作为其他 AC220 V、C10 A 以内供电设备的备用电源开关),可以不闭合,需要时再进行操作。
	8	闭合电池舱柜 14Q1 开关,此时电池舱内温湿度传感器、水浸传感器及消防系统开始工作,高压箱电源已提供。

大有风电场

		大有风电场
送电步骤	9	将电池舱柜维修盒隔离开关操作手柄打到"ON"位置。
	10	闭合电池舱柜高压箱上的主开关,将操作手柄打到"ON"位置,然后闭合 BMS 电源开关,高压箱电源指示灯亮,此时 BMS 进入开机自检过程,10 秒左右可以听到接触器吸合的声音,高压箱完成自检启动并处于待机模式,面板指示灯显示为未运行、无故障状态。
	11	关闭电池舱柜。
	12	打开电气舱柜,首先闭合电气舱柜内电池侧主断路器 6QF2,然后闭合母线侧主断路器 6QF1。
	13	上电完成,观察 EMU 触摸屏,当前显示为主界面。
停电步骤	1	风机变流系统将储能设备运行状态设置为待机模式。
	2	依次断开电气舱柜 6QF1、6QF2 主断路器。
	3	断开电池舱柜高压盒上的 BMS 电源开关,将主开关从"ON"位置打到"OFF"位置。
	4	如果维护电池系统部分,需要将电池系统电压降低,则将维修盒隔离开关打到"OFF"位置(不维护可不断维修盒隔离开关)。
	5	依次断开电池舱柜 14Q1、13F4、13F3、13F1、13Q1 等各开关。
	6	依次断开电气舱柜 9F11、9F12、9F13、10F1、10F2、10F3 等各开关。
	7	长按 9UPS 面板上的"OFF/ENTER"按键 2 秒以上,UPS 会关闭逆变进入待机模式。
	8	UPS 待机以后断开电气舱柜 9F1 和 9F2 开关,UPS 显示屏熄灭。
	9	依次断开电气舱柜 8Q2、8Q1 开关。
	10	储能柜内下电操作完成,根据现场情况判断是否断开外部供电开关。

上述开关名称及功能说明如表 7-22 所示。

表 7-22　风电基于直流接入储能的 DC-DC 开关标识及功能说明

	标识	功能	位置
1	8FU	交流浪涌保护器后备保护熔断器	
2	8FU1	电源指示灯保护熔断器	
3	8Q1	辅助变高压开关	
4	8Q2	辅助变低压开关	
5	8H1	辅助电源供电指示灯	电气舱柜
6	9F1	电池柜非 UPS 供电控制开关	
7	9F2	UPS 电源开关	
8	9UFS	不间断电源	

	标识	功能	位置
9	9F11	电池柜 UPS 供电控制开关	
10	9F12	DC/DC 辅助电源开关	
11	9F13	EMU 供电开关	
12	10F1	电气舱温控加热器开关	电气舱柜
13	10F2	电气舱除湿机开关	
14	10F3	电气舱门限照明开关	
15	6QF1	变换器输入开关	
16	6QF2	变换器输出开关	
17	13Q1	电池柜电源总开关(非 UPS 供电)	
18	13F1	电池舱门限照明开关	
19	13F2	预留除湿开关	电池舱柜
20	13F3	空调 1 开关	
21	13F4	空调 2 开关	
22	14Q1	电池柜 UPS 供电开关	
23	HVB	高压箱-控制电池系统的投切	
24	维修盒	分断电池系统高压回路	电池舱柜
25	BMS 电源开关	电池系统辅助电源控制开关	

五、储能设备运行与检查

《某光伏电站储能设备运行规程(试行)》与《某风电场储能设备运行规程(试行)》中规定了储能运行的一般规定与巡回检查要求,如表 7-23 所示。

表 7-23　储能设备运行的一般规定与巡回检查要求

	序号	要求
		(一) 电池系统
一般规定	1	电池运行前,应有完整的铭牌、明显的正负极标志、规范的运行编号和调度名称。
	2	电池放置的支架及间距应符合设计要求,支架应无变形,金属支架、底座应可靠接地,连接良好,接地电阻合格。
	3	电池的主回路应电气连接正确、牢固,散热/辅热装置运行正常。
	4	电池应配备完备的保护功能。电池充放电运行前,应确定相应的保护投入。

续　表

	序号	要求
一般规定	**（二）PCS**	
	1	PCS运行中，必须保证PCS风机运行正常，室内通风良好。
	2	PCS运行中，应无异音、异味、异常震动、电气运行参数正常，与监控系统通信正常，输出功率正常。
	3	PCS正常运行时，运维人员不得擅自更改PCS任何参数。
	4	PCS停机15分钟以上，方可打开柜门工作。
	5	PCS及PCS室滤网进行定期清扫工作，保证PCS散热良好。
	6	新装PCS投运时、交直流开关更换后、二次回路变动、重要部件更换后，必须做PCS"紧急停机"试验。
	（三）BMS	
	1	BMS温度、电流、电压等测量采集线连接可靠，无松动、脱落。
	2	BMS工作状态指示灯、监控界面显示正常，无告警。
	3	BMS的告警、保护、充放电控制等定值应按照通过审批的定值单设定。需改变定值时，应重新下达定值单，由具备操作权限的值班人员执行。
	4	运行过程中，BMS所检测状态参数的测量误差应符合GB 51048—2014《电化学储能电站设计规范》。
	5	BMS与PCS、监控系统通信正常。
巡回检查	**（一）电池系统**	
	1	值班人员进入电池集装箱前，应事先进行通风。
	2	电池集装箱温度、湿度应在电池运行范围内，照明设备完好，室内无异味。
	3	暖气、空调、通风等温度调节设备运行正常。
	（二）PCS	
	1	PCS外观正常、表面无积灰、锁具完好，标识标号完整，防尘网清洁、无破损。
	2	PCS各指示灯工作正常，无故障信号，参数正确、保护功能投入正确。
	3	PCS无异音、无异味、无异常温度上升。
	4	PCS交、直流侧电缆无老化、发热、放电迹象。
	5	PCS交、直流侧开关位置正确，无发热现象。
	6	PCS室环境温度在正常范围内，通风系统正常。
	7	PCS通信正常，所送"四遥"信息正确。
	（三）BMS	
	1	BMS外观正常，无异响，无异味。
	2	BMS的指示灯、电源灯显示正常。
	3	BMS温度、电流、电压等测量值显示正常，无告警。
	4	电池SOC在正常范围内。

六、储能设备维护与保养

《某光伏电站储能设备运行规程（试行）》与《某风电场储能设备运行规程（试行）》中分别介绍了储能设备例行维护与保养的相关要求，表 7-24 进行总结。

表 7-24 储能设备的维护与保养要求

设备	项目	序号	要求
	注意事项	1	具有专业资格的人员才可以对 PCS、DC-DC 进行维护。
		2	维护前，必须进行必要的安全防范措施。
		3	维护前，必须保证直流侧与交流侧处于无电状态。
		4	现场裸露的元件必须遮挡，以免触碰出现电击。
		5	维护过程中，维护人员应穿戴绝缘防护用。
PCS	定期维护	1	每 3 个月，检查设备的电气及固定件连接，每次检查完必须做好记录： 模块接地连接。　　　　　　　　辅助电源的电气连接。 直流输入的电气连接。　　　　　通信线缆的电气连接。 交流输出的电气连接。　　　　　交直流开关、SPD、风扇。
PCS	定期清洁	1	每 3 个月，定期清理机房灰尘，检查机房的通风及排气设施是否正常。
DC-DC	定期清洁	/	检查出风口及散热片上是否附着灰尘等堵塞物，必要时清洁出风口及散热片，每 3~6 个月清理一次。
电池系统	日常维护	1	应保持电池室内地面清洁，无杂物堆放。
		2	电池室消防设施正常，确保消防器材在使用年限内，若超过了使用年限，要及时更换。
	定期维护	1	检查电池系统主回路、二次回路各连接是否可靠，周期不大于 12 个月。
		2	进行储能电池绝缘及接地电阻测试，周期不大于 12 个月。
		3	进行电池 SOC 标定，周期不大于 6 个月。
		4	进行电池容量标定，周期不大于 6 个月。
		5	检查电池柜或集装箱内烟雾、温度探测器，周期不大于 12 个月。
	定期清洁	1	对电池、电池模块、电池柜进行全面清扫，周期不大于 12 个月。
	特殊维护	1	当电池发生过温告警时，可对电池进行红外测温检查，及时发现设备发热故障，并及时处理。
		2	每 3 年进行一次容量试验（10 h 率），使用 6 年后每年做一次。若该组电池实放容量低于额定容量的 80%，则认为该电池组寿命终止。
		3	当 BMS 关键部件更换或软件升级重新运行时，需要对 BMS 进行功能测试、保护测试等。

设备	项目	序号	要求
户外柜	定期维护	1	每2年一次,检查户外柜及内部设备是否损坏或变形、有异常噪声、温度过高、内部湿度及灰度异常,进风口、出风口是否被堵塞。
		2	每2年一次,检查线缆屏蔽层与绝缘套管是否接触良好,接地铜排是否固定到位,防雷设备和熔丝等是否良好紧固,查看户外柜内部是否存在氧化或锈蚀等情况。
		3	每年一次检查柜体外部,包括户外柜顶部是否存在易燃物体;户外柜与地基钢板的焊接点是否牢固;户外柜机壳是否存在损坏、掉漆、氧化等情况;柜门门锁等能否灵活开启;密封条等是否固定良好。
		4	每年一次检查柜体内部,包括是否有异物、灰尘、污垢及冷凝水。
		5	每年一次检查进、出风口,检查散热器温度以及灰尘。
		6	每年一次检查接地和等电位连接,接地电阻阻值不得大于4 Ω。
		7	每年一次检查风扇,风扇是否被堵塞、存在异常噪声。
		8	每年一次检查螺钉,是否存在螺钉掉落等情况。
		9	每半年检查安全功能、内部元器件。
空调	定期维护	1	检查风机运行时是否发出异常噪声,周期不大于3~6个月。
		2	检查风机的扇叶是否有裂痕,周期不大于3~6个月,必要时更换风机。
		3	清理滤网上吸附的灰尘、堵塞杂物,周期不大于3~6个月。
		4	排水管无变形、脏堵,周期不大于3~6个月。
		5	冷清器应清洁,周期不大于3~6个月。
警告标识	定期维护	/	安全警告等标识清晰可见,每12个月检查一次。
系统接线	定期维护	/	系统内部接线完好,每12个月检查一次。

特别说明:上述维护周期来源于产品手册汇总。由于项目落地较早,而各项国家标准和技术监督正在不断发展和完善过程中。因此,实际的维护周期应结合项目现场实际环境条件以及2023年开始实施的《电化学储能电站安全规程》(GB/T 42288—2022)合理更新和完善。

七、储能设备故障与处理

《某光伏电站储能设备运行规程(试行)》与《某风电场储能设备运行规程(试行)》中,列举了不同设备厂家针对各自设备的故障类型及其处理方式说明,其中有个性也有共性问题。

基本上各个厂家针对不同故障信息给出初步处理方法,若未能解决故障,请联系相应的设备厂家。表 7 - 25、表 7 - 26 进行了汇总以供学习和参考。

表 7 - 25　光伏储能设备的故障与处理方法

设备	故障类型	故障原因或处理方式		厂家
		基于交流接入方案		
PCS	交流侧过、欠电压	➤ 电网电压异常 ➤ 大气过电压	➤ 检查电网电压 ➤ 检查各元器件	融和元储
	直流侧过、欠电压	直流电压高于/低于最大直流电压	检查储能电池的配置,减小/增大储能电池组的开路电压	
	交流过流	PCS 存在短路或内部电子元器件损坏	检查 PCS 交流侧电路的线缆连接以及控制电路板是否存在问题	
	交流侧电流不平衡	➤ 交流侧缺相 ➤ 电流互感器故障	➤ 检查电流异常原因 ➤ 检查交流侧电缆 ➤ 更换电流互感器	
	PCS 通信故障	➤ 网线松动 ➤ 通信地址错误 ➤ 控制面板死机	➤ 重新制作网线头 ➤ 检查通信地址 ➤ 重启控制面板	
	BMS 通信故障	与 BMS 之间通信故障	检查与 BMS 的接线是否连接正常	
	电池故障	直流侧检测异常	检查电池是否正确连接	
	AD 采样故障	电路板采样通道损坏	检查 PCS 采样电路板是否存在问题	
	PCS 散热片过温	➤ 进气口温度过高 ➤ 控制室空气流通不畅	➤ 检查更换冷却风扇 ➤ 降低控制室温度 ➤ 清洁通风孔并增大通风孔	
	模块过温	➤ 冷却系统故障 ➤ 风道堵塞 ➤ 环境温度过高 ➤ 接触不良 ➤ 元件损坏	➤ 检查冷却系统 ➤ 疏通风道 ➤ 通风降温 ➤ 紧固连接件 ➤ 更换元件	
	LED 指示灯不亮	指示灯接线松动或内部损坏	断开交直流电压并保持5分钟后,重新连接。如果指示灯仍未点亮,更换或维修指示灯	
		基于直流接入方案		
电池舱	直流熔丝	a. 立即将故障系统停机并断开其外部供电。 b. 检查系统直流熔丝状态和辅助触点接线是否断开。 c. 排查系统故障原因、更换直流熔丝。		阳光电源

设备	故障类型	故障原因或处理方式	厂家
电池舱	紧急停机	a. 立即将故障系统停机并断开其外部供电。 b. 检查急停按钮 S1 是否按下。 c. 检查急停按钮 S1 反馈点接线是否断开。	阳光电源
	门禁	a. 检查柜体门是否打开。 b. 检查限位开关 SQ1 反馈接线是否断开。	
	主变压器过温	a. 立即将故障系统停机并断开其外部供电。 b. 检查变压器 T1 温度反馈点接线是否断开。 c. 检查变压器 T1 是否过载。 d. 检查环境温度是否过高。	
	辅助变压器过温	a. 立即将故障系统停机并断开其外部供电。 b. 检查变压器 T2 温度反馈点接线是否断开。 c. 检查变压器 T2 是否过载。 d. 检查环境温度是否过高。	
	交流断路器断开	a. 立即将故障系统停机并断开其外部供电。 b. 检查断路器 QF1 是否断开。 c. 检查断路器 QF1 反馈点接线是否异常。	
	1#防雷器故障	a. 立即将故障系统停机并断开其外部供电。 b. 检查交流防雷器 FL1 是否发生故障。 c. 检查交流防雷器 FL1 辅助触点接线是否断开。	
	2#防雷器故障	a. 立即将故障系统停机并断开其外部供电。 b. 检查交流防雷器 FL2 是否发生故障。 c. 检查交流防雷器 FL2 辅助触点接线是否断开。	
	配电柜过温	a. 立即将故障系统停机并断开其外部供电。 b. 检查换热器是否故障,系统是否过载运行。 c. 检查环境温度是否过高。	
	CMU 通信故障	a. 立即将故障系统停机并断开其外部供电。 b. 检查通信线是否松动。	
	PCS 通信故障	a. 立即将故障系统停机并断开其外部供电。 b. 检查通信线是否松动。	
	上位机通信故障	a. 立即将故障系统停机并断开其外部供电。 b. 检查通信线是否松动。	
	CMU 掉线故障	a. 通过 CMU 信息界面查看具体故障。 b. 查找电池手册故障处理办法。	
	CMU 支路压差大故障	a. 立即将故障系统停机并断开其外部供电。 b. 通过 CMU 信息界面查看系统电压。	
	离网接触器开路	a. 立即将故障系统停机并断开其外部供电。 b. 检查接触器 KM1&KM2 接线是否异常。	
	离网接触器粘连	a. 立即将故障系统停机并断开其外部供电。 b. 检查接触器 KM1&KM2 状态和接线是否异常。 c. 确认粘连,更换粘连接触。	
	并网接触器开路	a. 立即将故障系统停机并断开其外部供电。 b. 检查接触器 KM3 接线是否异常。	

设备	故障类型	故障原因或处理方式	厂家
电池舱	并网接触器粘连	a. 立即将故障系统停机并断开其外部供电。 b. 检查接触器 KM3 状态和接线是否异常。 c. 确认粘连,更换粘连接触器。	阳光电源
	缓启接触器故障	a. 立即将故障系统停机并断开其外部供电。 b. 检查时间继电器设置时间是否正确。 c. 排查线路问题。	
	CMU 通信告警	检查通信线是否松动。	
	CMU 告警	a. 通过 CMU 信息界面查看具体告警。 b. 查找电池手册故障处理办法。	
	启动超时告警	重新启动,观察是否再次告警。	
	UPS 市电断开	检查 UPS 输入端是否供电。	
	SOC 高、低告警	检查系统电池 SOC 值。	
DC - DC	环境温度过高	一般内部温度或模块温度恢复正常后会重新运行,若故障反复出现: ➤ 查看机器的环境温度是否过高。 ➤ 检查机器是否处于易于通风的地方。 ➤ 检查机器是否处于光照直射,如果是请适当遮阳。 ➤ 检查风扇是否运行正常,若不正常请更换风扇。	阳光电源
	BMS 通信故障	检查与 BMS 的通信线是否连接正确。	
	电池极性反接	检查直流侧接线是否正确。	
	电池告警	联系电池厂商售后服务中心。	
	电池故障		
	系统告警	联系阳光电源售后服务中心。	
	系统故障		

表 7 - 26　风电储能设备的故障与处理方法

设备	故障类型	故障原因或处理方式	厂家
基于交流接入方案			
PCS	交流进线过电压	电网电压高于设定上限值	上海宝准
	交流进线低电压	电网电压低于设定下限值	
	网侧断路器未合	/	故障恢复后, 重新启动储能装置
	直流母线过电压	直流母线电压过高	
	直流母线低电压	直流母线电压过低	
	电池电压不匹配	电池电压出现异常或者采样出现错误	

续　表

设备	故障类型	故障原因或处理方式		厂家
PCS	环境温度过温	集装箱通风异常,或者环境温度过高	/	上海宝准

基于直流接入方案

设备	故障类型	故障原因或处理方式		厂家
储能系统	电压异常	母线电压高或低	检查电压是否在规定范围内	金风科技
	过温故障	DC‑DC 检测到过温	检查储能设备风道是否通畅、环境温度是否在允许范围内	
	风扇故障	风扇工作异常	检查风扇是否堵转	
	软启故障	软启电路工作异常	检查软启电路	
	短路故障	直流或者交流侧短路	检查直流或者交流侧是否短路	
	过载故障	负载过大	检查负载是否在规定范围内	
	电池电压	BMS 检测到电池电压异常	检查电池电压是否在允许的输入范围内	
	电池损坏	过放	更换电池	
	电池容量意外降低	低温充电	更换电池	
	通信失联	连接或地址错误	检查接入设备地址是否正确、通信线是否连接错误	
	火灾	➤ 电池长期在高温中 ➤ 过充	BMS 停止工作,灭火系统启动	
	不适当终止充电	➤ 漏液 ➤ 部件故障	➤ BMS 立即停止使用。 ➤ 当电池有刺鼻的异常气味,无法判断是否有电解液泄漏时,请立即停止使用,并将有异味的电池隔离。 ➤ 不要直接接触电解液。如不慎接触皮肤,用大量清水冲洗。如眼睛接触到电解液,立即用 2%～4% 的硼酸溶液大量冲洗,送去医院。 ➤ 处理有电解液渗漏的电池时,请确保未连接电池的电源处于开/关模式。在通风良好的操作区域内,禁止任何明火。处理电解液时,戴橡胶手套,使用纱布环等吸收液体的物品,消除渗漏电解液。 ➤ 废弃电池应隔离放置,不得重复使用。	

八、储能设备事故与处理

1. 电气舱事故处理

交流储能电气舱主要有隔离变压器、隔离变压器开关、变流器、变流器开关、直流负荷开关等设备。舱内出现电气故障，相应开关将会进行保护动作断开故障点。如电气设备发生冒烟起火，按照下列步骤处理：

（1）若人员发现舱内电气设备起火，立即断开故障设备两侧电源，使用配置的二氧化碳灭火器扑灭故障点明火。如果是风电项目，需要远程关停对应风机，若远程未能关停，则现场手动急停。

（2）到相应箱变平台拉开箱变低压侧断路器开关。

（3）处置好故障设备火情后，做好安全措施，检查电气舱内设备故障及损坏情况。

2. 电池舱事故处理

交流储能电池舱主要设备为磷酸铁锂电池。根据现阶段储能设备运行经验，磷酸铁锂电池短路起火以后，初期主要表现是产生大量的黑烟。如果此时电池发生热失控，将会出现剧烈化学反应，发生燃烧，甚至爆炸，同时出现大量有毒气体，如二氧化硫、二氧化氮等。

一旦发现交流储能电池舱内出现冒烟、起火，按照下列步骤处理：

（1）若电池舱内非电池电气设备出现冒烟起火情况，如汇流柜内电气设备或连接电池的电缆线束、插件等，未波及电池簇，此时立即拉开汇流柜内汇流开关，使用配备的灭火器扑灭故障点明火，扑灭明火后打开电池舱前后门通风。

（2）若起火部位波及电池簇，或者电池簇冒烟起火，舱内全部人员立即撤出，关闭储能电池舱门，按下门上消防启动按钮启动消防装置。人员迅速撤离至安全地带，清点人数；同时在电池舱周边设立隔离带，阻止人员进入。如果是风电项目，需要远程关停对应风机；若远程未能关停，则现场手动急停。

（3）通知控制室值班人员迅速远程拉开对应箱变低压侧断路器；若远程未能拉开，则现场手动拉开对应箱变低压侧断路器。

（4）拨打"119"消防报警电话，将现场情况报告消防部门。

（5）消防车辆到达后，向消防负责人汇报设备故障情况，配合消防人员对储能电池舱进行灭火。

故障消除后，必须等待消防专业人员确认无风险后，才能打开储能电池舱门进行后续处理。

九、特别注意事项

不同于集中式储能电站,分散式储能系统存在分布数量多、单体规模小、风险发生概率大的特点。因此,安全管理不能只是简单地借鉴传统储能电站模式。

针对分散式储能系统可能存在的安全隐患,不仅要从管理体系上有所改进,也需要从防范措施上有所创新。

一方面,有必要强化顶层规划,完善分散式储能安全管理机制。日常工作中,将分散式储能作为一块新增板块,融入新能源场站日常巡检工作之中。项目管理上,巡检项目、维护周期、故障处理等应结合项目现场实际环境条件以及《电化学储能电站安全规程》(GB/T 42288—2022)、《电化学储能电站检修规程》(GB/T 42315—2023)等国家标准进行合理更新和完善;应急预案、应急演练、危险源辨识等可以参考《电化学储能电站生产安全应急预案编制导则》(GB/T 42312—2023)、《电化学储能电站应急演练规程》(GB/T 42317—2023)、《电化学储能电站危险源辨识技术导则》(GB/T 42314—2023)着手建立和完善。此外,通过积累储能项目,可以推动完善电化学储能技术监督实施细则,切实促进和提高集团储能业务高质量发展。

另一方面,储能安全防控贯穿于电池制造、电站设计建设、储能运行维护和事故后消防等环节。目前,储能项目普遍采用定期检修策略,检修周期以及计划固定。但是,仅依靠运维人员定期的、粗放的检查,难以及时排查安全隐患。因此,有必要建立分散式储能数字化运维体系。相对于被动安全由事件驱动、故障后管理和人工运维,主动安全具有数据驱动、基于规则管理、自优化、自动作的特点,无需检修即可发现早期劣化单元,事故提前预警预测,实现储能安全工作焦点从严重事故向安全风险的转变,从根本上避免安全事故。

参考文献

1. 张文亮,丘明,来小康. 储能技术在电力系统中的应用[J]. 电网技术,2008(7):1-10.

2. 丁明,陈忠,苏建徽,等. 可再生能源发电中的电池储能系统综述[J]. 电力系统自动化,2013,37(1):19-25.

3.《新型电力系统发展蓝皮书》编写组. 新型电力系统发展蓝皮书[M/OL]. 北京:中国电力出版社,2023[2023-12-20]. https://www.nea.gov.cn/download/xxdlxtfzlpsgk.pdf.

4. 国家能源局江苏监管办公室. 关于印发《江苏电力并网运行管理实施细则》《江苏电力辅助服务管理实施细则》的通知(苏监能市场〔2022〕53号)[Z]. (2022-08-01).

5. 李成,张婕,石轲,等. 面向风电场的主动支撑电网型分散式储能控制策略与优化配置[J]. 中国电力,2023,56(12):238-247.

6. 孙伟卿,李宏仲,王海冰. 新型储能多场景应用与价值评估[M]. 哈尔滨:哈尔滨工业大学出版社,2023.

7. 李建林,袁晓冬,郁正纲,等. 利用储能系统提升电网电能质量研究综述[J]. 电力系统自动化,2019,43(8):15-24.

8. 李慧,吴川,吴锋,等. 钠离子电池:储能电池的一种新选择[J]. 化学学报,2014,72(1):21-29.

9. 康重庆,刘静琨,张宁. 未来电力系统储能的新形态:云储能[J]. 电力系统自动化,2017,41(21):2-8,16.

10. 张国俊,薛明华,林权. 分散式储能在新能源光伏场站的应用研究[J]. 电力与能源,2023,44(5):437-440.

11. 李祥涛,陈磊,郝玲,等. 基于两个细则的火储联合一次调频控制策略[J]. 高电压技术,2023,49(10):4163-4171.

12. 李首顶,李艳,田杰,等. 锂离子电池电力储能系统消防安全现状分析[J]. 储能科学与技术,2020,9(5):1505-1516.